加拿大风格
手编毛衣和小物

[日] 宝库社　编著

韩慧英　陈新平　译

化学工业出版社

·北京·

目录

本书中刊载了女士 M 尺码，男士 M 尺码，男士 L 尺码的图解。

男士 的尺码分别是男士 M 尺码=女士 L 尺码，男士 L 尺码=女士 LL 尺码。

使用附属的描图纸，可以把喜欢的尺码和喜欢的花样任意组合，享受各种各样的丰富变化的乐趣。

女士 M 尺码

#02 P.5

#04 P.6

#06 P.8

#07 P.9

#09 P.12

#12 P.15

#14 P.17

#22·23 P.22

#24 P.26

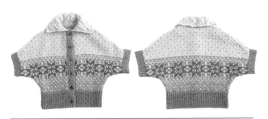

#25 P.27

#26 P.28

女孩 100cm

#28 P.30

男孩 110cm

#29 P.31

男士 M 尺码（女士 L 尺码）

#01 P.4

#05 P.7

#10 P.13

#13 P.16

#20 P.20

#21 P.21

配件

#03 P.5

#18 P.19

#08 P.9

#17 P.19

#11 P.14

#19 P.19

#15 P.18

#16 P.18

#27 P.29

#27 P.29

#01 男士

加拿大风格编织特有的像是表现出了广阔
土地般的配色。将北美原住民夏季的移动
住房圆锥形帐篷图案编织成小块编织片，
在背景图案的中央配置了木质立柱的图案。

设计　风工房
制作　林比吕美
编织方法　P.54和P.52

4

#02·03

女士

女士 M 尺码，＃01 花样的不同颜色。有着色彩丰富可爱的配色。如果想要成套搭配的话，皮靴用的编织护腿是不错的选择。

设计　风工房
编织方法　02 = P.58　03 = P.60

#04 女士

星星无论是对于哪个国家的人来说都是神圣的。菲尔岛编织方法起源的八角星的几何学花样，也是加拿大风格编织的基本要素。与#02使用相同图解，把拉链改换成纽扣。

设计 风工房
编织方法 P.62

#05 男士

男士 M 尺码（女士 L 尺码）的小编织片是相互
对视的鹰的图案。用黄色和红色的鲜艳图案突出
重点。也有 L 尺码（女士 LL 尺码）的图解。

设计　风工房
制作　林 美由纪
编织方法　P.64

#06 女士

02 的款式加上了帽子，小片编织是枫叶图案。用鲜艳的粉色编织，配色质朴的加拿大风格编织，无论从哪个角度来说，都算是不错的创意。配套的小物品请参照第19页。

设计 风工房
编织方法 P.70

#07·08
女士

把 # 04 的领子改为燕子领，配色也增添
了变化。搭配了有三色绒球的可爱帽子。

设计　风工房
编织方法　07 = P.74　08 = P.77

9

图案样式 01

小编织片的部分改换为其他不同的样式，或是改变成不同配色，尽情享受变化搭配的快乐吧。
配上了张开翅膀的巨大的雷鸟，鲜艳的花朵，蓝色蛙等具有视觉冲击性的图案后，独创性也随之上升了。

设计　风工房
编织方法　参照封二

#09 女士

编织完背心后，接着就要挑战夹克衫。
小编织片是鲜艳的橙色的枫叶图案。
像针一样排列的线条，看起来有点像是刺
绣布缝上似的。
是一款拼布风格的有趣设计。

设计　兵头良之子
编织方法　P.78

#10 男士

把重点颜色改换为蓝色色调的男士 M 尺码（女士 L 尺码）。粗线夹克衫往往容易变得厚重，但是这款毛线的男士夹克衫却能够编织得很轻。也有 L 尺码（女士 LL 尺码）的图解。

设计　兵头良之子
编织方法　P.82

#11 女士

与 # 12 配套的帽子。毛绒球使用 3 种颜色，比起使用
1 种颜色更加容易搭配作品。虽说作品是女士毛绒球帽，
但是男士戴起来依然很可爱。

设计　冈本真希子
制作　编织小组 .juju
编织方法　P.127

#12 女士

白茫茫的雪原中静静闪烁的八角星。
边缘周围的炭灰色把整体一下收紧。
本书中有详细的说明，不要犹豫，挑战一下吧。

设计　冈本真希子
制作　编织小组 .juju
编织方法　P.36（编织课程）

#13 男士

只是使用了几何学花样的，简单的
男士连肩袖夹克衫。也有男士M尺码
（女士L尺码）和男士L尺码（女士LL尺码）
的图解。

设计　冈本真希子
制作　编织小组 juju
编织方法　P.88

#14 女士

对于初学者来说比较难的缝合袖技巧，用
连肩袖解决。倾斜的大身和连肩袖的袖线
只要对合好，就不会错位不会褶皱，简单
的就可以完成袖子的缝合。

设计　冈本真希子
制作　编织小组 .juju
编织方法　P.94 和 P.50

一字型（三接头）鞋（chausser）/ Plus by chausser

#15·16

男士

转圈编织的帽子装饰，
只要一直看着着正面编织就可以，
所以对于提花编织的初学者来说是非常难
得的。用送给男朋友的作为练习，然后编
织自己的。

设计　15＝兵头良之子　16＝风工房
制作　16＝林 美由纪
编织方法　15＝P.98　16＝P.100

#17·18·19
女士

与#09配套的帽子，与#06配套的保暖护手，与#14配套的单肩包。小物品也有存在感，所以作为时尚的装饰品，拥有各种各样的款式是很方便的。登上编织舞台最先编织自己的小装饰品吧。

设计　17 帽子=兵头良之子
　　　18 保暖护手=风工房
　　　19 包=冈本真希子
编织方法　17 = P.98　18 = P.73
　　　　　19 = P.102

#20 男士

像羽绒背心一样色彩鲜艳的红色和蓝色。
北欧的几何学花样和三色旗的组合，让人
想起滑雪衫，有种亲切怀念的气氛。让人
禁不住想要编织配套的小饰品。

设计　兵头良之子
编织方法　P.104

罩衫 / Dessin

#21 男士

分隔开花样，条状配置的设计。连肩帽子
的夹克衫，像穿派克外衣一样休闲，是一
款容易搭配穿着的作品。

设计　兵头良之子
制作　胜又富子
编织方法　P.106

#22·23

女士

披肩和裙子也是用提花编织。由于毛线本身的重量，使得裙子容易被拉长，但是使用了这款毛线就没有问题。配套穿着的话感觉视觉冲击性强，建议搭配单品穿着。

设计　冈本真希子
编织方法　P.110

图案样式 02

只是改变配色，就像是完全变成了全新的设计，再改变下边条部分的花样，很有乐趣。
将不同的花样组合起来，就可以享受到无限的设计魅力。

设计　冈本真希子
编织方法　请参照封三

图案样式 03

边条花样，只是把配色调换一下就会出现变化。

设计　冈本真希子

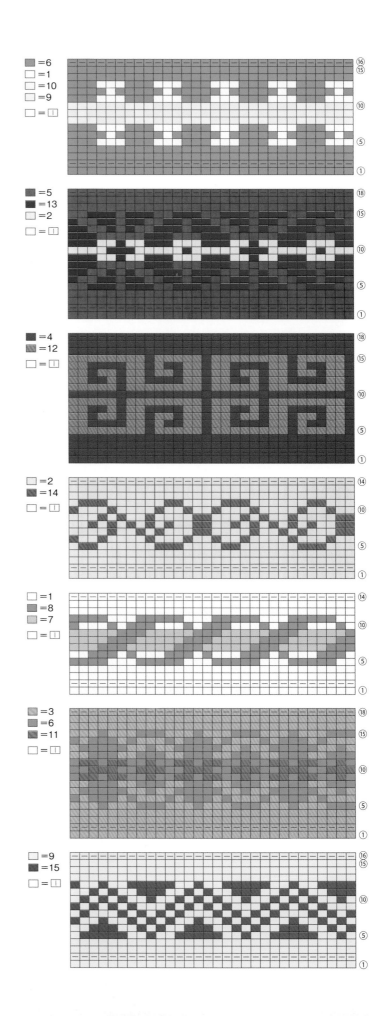

#24 女士

提花编织需要很多次的渡线，好像是双重编织。毛线短裤不只设计可爱，作为保暖裤也是很好的。

设计 冈本启子
制作 宫本宽子
编织方法 P.99

#25 女士

稍微能把手露出来的披风式样的蝙蝠衫。因为轮廓比较大所以内衣穿的臃肿点也没关系。匆忙外出的时候，披上一件就可以了。使用了质地轻柔的毛线，对于这件是再适合不过的了。

设计　原田睦美
编织方法　P.114

#26 女士

使用加拿大风格的毛线，自己尝试着编织的可爱作品。用罗纹针和起伏针的极粗边条编织出严冬的水兵服装样式。装饰了金色纽扣的垫肩是设计亮点。

设计　原田睦美
编织方法　P.119

#27 女士

使用了羊毛毡鞋垫的室内软鞋，防寒对策从脚下开始。袜子类型的可以保暖脚脖，拖鞋类型的容易穿。那么是选哪一款好呢？成品尺码是 23.5cm。

设计　冈本真希子
编织方法　P.101

#28 女孩

给我家的小公主一件樱桃花样的背心作为礼物。配套的小物品是适合与短裙搭配的保暖护腿。尺码是100cm。

设计　冈本启子
制作　彦板祐子
编织方法　P.122 和 P.126

#29 男孩

给小王子的星星？嗯，实际是带有船锚的
小编织片和波浪花样的套装。生活在大
海边的男子汉，是让人期待的未来。把小
编织片换为星星花样也很漂亮 。尺码是
110cm。

设计　冈本启子
制作　彦板祐子
编织方法　P.124 和 P.126

加拿大国有铁路邓肯车站站前广场上的图腾。在神话故事中出现的雷鸟伸展着翅膀

在科维昌展览馆展示的J．卡尔文夫人留下的费尔岛编织花样的旧毛衣

　　科维昌编织的故乡，是加拿大西南温哥华岛的邓肯市。位于面向大西洋的不列颠哥伦比亚省的省会维多利亚北上 60 千米，作为"图腾之城"被世界所熟知。直到现在这里还保留着原住民的居住旧址，也被加拿大政府认定为法定保护建筑区。

　　"科维昌"是原住民的语言，原意是"温暖大地"的意思。他们被森林、湖泊、河流、海洋等丰富的大自然包围，耕作，捕鱼，狩猎，带着感谢的心情快乐的生活着。他们相信所有的生物的前世都是人类，狩猎、捕鱼也是只要满足生活需要的行为，是重视与大自然和谐相处的人们。他们在叫做"Big house"的家园里，4～5 代的家人一起生活，享受着鲑鱼、鹿、野鸟、蔬菜、果实等大自然的恩惠。在这样的生活之中也许科维昌风格毛衣是最适合的吧。天然的绵羊油保存完好的毛线，既能防雨水又很结实，户外的活动也会变得舒适吧。

　　赛利希人的科维昌族因为没有文字，所以"科维昌风格毛衣"是从什么时期开始产生的，并没有人知道。总之在欧洲殖民者入侵之前，这里就开始使用山羊毛和犬类的毛制作衣服和纯毛布料了。当时毛质布料也曾经作为家族的象征，在结婚仪式上作为贺礼相互赠送。于是毛质布料也被认为是能够保护穿着的人，给人以圣洁的力量，被视为珍品。

　　19 世纪中期，欧洲殖民者的入侵开始，移民者开始带进了羊。此时羊毛文化和编织文化传到了使用山羊毛和犬类的毛制作服装衣料的科维昌族。1864 年，圣安娜教会的修女建造了学校，在这里教科维昌族的女学生学习编织的记录被保留下来。在 1885 年，来自英国的 J．卡尔文夫人雇佣了 2 名科维昌族的女性从绵羊身上剪毛制作毛线，并且将 J．卡尔文夫人的出生地设得兰群岛地方的费尔岛编织方法教授给了他们。现在在邓肯市的科维昌文化中心，有科维昌风格毛衣的展览馆，初期的记录，羊毛的纺织工具，古老的毛衣也被保存展示着。其中大部分的几何花样都使用

牛岛宽兴 : ushijimahirooki
1970 年代中期移民加拿大。从此一边经营贸易公司，一边把加拿大的编织品和工艺品向日本引进。和萨那·莫黛丝女士等科维昌族的交流频繁。也成为了科维昌编织和加拿大风格编织的收藏家。

科维昌展示馆的资料。羊毛文化传进加拿大的初期的毛衣几乎都是使用的费尔岛花样。

了费尔岛编织的花样。从那时以后的科维昌毛衣，加入了在制作传统工艺的杉树皮筐子和帽子等时候经常使用的图谱，山川、河流、花草、植物、动物等图案，另外在毛质布料中使用的图谱也被使用到了编织中。

科维昌风格毛衣的图谱主要是鹰、鹿、鲸鱼、乌鸦等在传说和神话中经常出现的动物。其中被视为科维昌族的图腾的雷鸟和鲸鱼的传说被广泛流传。

传说很久以前，科维昌族的主食鲑鱼有一年没有回到科维昌河，于是发生了严重的食品不足。原因是鲸鱼进入了科维昌湾，妨碍了鲑鱼的回游。人们试图驱赶走鲸鱼可是并没有好的方法，和附近的部落民族也进行了商讨，可是最终也没有得出好的结论。后来神的使者雷鸟从天而降，叼起鲸鱼飞到了紫亥拉姆山，据说至今紫亥拉姆山上还有鲸鱼的尸骨。

被称为科维昌风格毛衣之母的萨那·莫黛丝女士和丈夫弗莱德先生

也有关于鹿的传说。那是在地球上还没有人类的时候，有一个人从天上降到了人间。这个人就是创造万物的神，不知过了多久第二个人来到了人间。这个男人使用了各种各样的方法想要打败第一个降临到人间的人，结果和预想的一样，这个人一次又一次地失败了。最终这个人向第一个降临到人间的人挑起决战，创造万物的神在决战胜利之后说 : "我用我的力量战胜了你。你要变成鹿，成为人间的食物，你的皮将变成鼓带给人快乐。"于是正如神所说，人们开始捕食鹿，把鹿皮作为食物，把鹿角作为纽扣、工具等，一直带着感谢的心情使用着。

具有代表性的雷鸟设计是在 1935 年，由一位叫做乔治·马丁的人为妻子的妈妈制作作品时首次使用。他的新尝试为以费尔岛编织为中心的科维昌编织开辟出了新的道路。于是各个编织者开始广泛相互交换各自拥有的花样。

早期手工纺织的场景。曾经需要大量人工的产业现在大部分都是使用电动机械。

从保暖到时尚的蜕变
从科维昌风格到加拿大风格编织

让人想起初期费尔岛的
旧毛衫

萨那·莫黛丝女士的妹妹朵
拉·威尔森女士制作的雷鸟
图案和水牛图案的科维昌风
格毛衣

1950 年代的 MARY MAXIM
公司的图谱

在加拿大国内，只有科维昌族人编织的毛衣才被认可是科维昌风格毛衣，其他的科维昌风格手编毛衣被称为"加拿大风格编织"。

对于 19 世纪中期从欧洲移民来的人们来，说手编毛衣和手编袜子是防寒的必须品。随之羊毛的需求量不断增大，被称作 WOOLMILL（工厂）的羊毛工厂产生了。现存的最古老的 WOOLMILL 是比加拿大国家建造的工厂还要早的，1857 年建立的 Briggs and Little 公司。在科维昌族居住的太平洋一侧相反的东海岸的大西洋一侧与美国相邻的新不伦瑞克省的哈维镇建立了新工厂，直到现在还是在同一个地址继续营业。在这里生产的毛线不只是在本地销售，还通过百货商店或是手工品专卖店销售到加拿大全国。初期的具有代表性的百货商店伍德瓦特公司为了促进毛线的销售，想出了制作编织图销售。1947 年，受伍德瓦特公司的委托，梅丽·马克西姆公司的苏特拉·肖恩先生设计了鹿、马、雪花 3 个图谱花样。由此开始，接二连三地推出了之前市场上没有见到过的花样图谱。到了 50 年代后期梅丽·马克西姆公司成为了加拿大最大规模的手工编织商品销售公司。此后这些图谱花样又在美国、英国等地开始销售，广泛地流行起来。

就这样编织的毛衣被作为圣诞节、生日等节日的礼物相互赠送，梅丽·马克西姆公司也每年不断地向市场提供新的图谱。滑雪、冰球、足球、速滑等的相关图案的小编织片，面向女士的玫瑰花样，北欧风格花样等，面向儿童的羊羔、海狸、枫叶等种类多种多样。曾经是好莱坞著名喜剧明星鲍勃霍普也有身穿图腾花样的毛衣的照片。

就这样在市场上没有过的设计与图谱和色彩丰富的毛线一起在市场上大量出来，这也影响到了科维昌族的编织者，在科维昌编织中加入梅丽·马克西姆公司花样的现象也渐渐的可以看到了。使用梅丽·马克西姆公司有名的鹿图案并在肩部周围加入自己独特的几何花样的毛衣等就是其中的一例。

现在在日本能够看到的加拿大风格编织的成品毛衣，在百货商店、精品店、通讯销售等都能够买到。KANATA 公司、CANADIAN SWEATER 公司的商品，在大约 30 年前就进入了日本市场，所以可以买到。而科维昌族的毛衣在日本市场却几乎没有销售。以前在我的企划当中也介绍过萨那·莫黛丝女士的手工纺线的科维昌风格毛衣。图案是使用的在神话中出现的鹿和很少有的蜂鸟的图谱。她的祖母、妈妈、还有萨那·莫黛丝女士的妹妹朵拉·威尔森女士，侄女莫林·托米女士都编织科维昌毛衣，都是优秀的编织者。整个家族继承着科维昌编织的传统，在邓肯市的展览馆内也陈列着萨那·莫黛丝的祖母和妈妈的作品。

如果要购买科维昌风格毛衣，推荐在邓肯市科维昌文化中心内的礼品店，国道 1 号线的希尔土著文化展览画廊，或是在朱迪希尔艺术画廊购买。

希尔土著文化展览画廊是在 1946 年邓肯市当地作为杂货店开始营业。没有钱的科维昌族人拿着手工制品相互交换经营下来。最初是因为没有办法才开始的，但是随着手工艺品的销售越来越好，现在已经不是当初的杂货店，而变成真正的手工艺品商店了。

在朱迪希尔艺术画廊，不只有科维昌风格毛衣，还有更多高品质的手工艺品。在横断加拿大铁道线上的邓肯车站站前的商店是按照朱迪先生的"只要是好的商品一定会收到顾客欢迎"的经营方针设立的，这个理念也影响了科维昌族的人们。这里不只有毛衣，还有木质日用品、面具、图腾、毛质布料、杉树皮细工、杉树皮筐等商品销售。在年轻的科维昌族人送来商品时，朱迪先生总是率直地提出对商品的意见，并提出能够做出更好商品的意见。通过这个商店帮助、并去影响年轻的科维昌族以后的工作，这也是朱迪先生的一个愿望。

与此相应的科维昌族的手工制作者们通过制作出更好的商品，能够守护生活，把科维昌族的传统传给下一代。

全部是牛岛收藏品。
上下 2 件是采用了梅丽·马克西姆公司图案的旧毛衣

编织课程
#12 编织夹克衫

指导/冈本真希子

挑战只有起源于科维昌的加拿大风格编织才有的编制方法。
在编织第 15 页 #12 的作品的同时，也请记住基本的制作方法。

[线和工具]

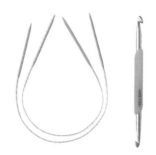
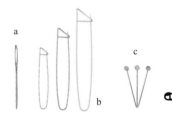

线

和麻纳卡 加拿大风格 3S

黑灰色（5）280 g /3 团，本白色（1）240g /3 团，
浅灰色（2）135g/2 团，水色（9）100 g /1 团。

其他材料

接合，缝合用线 适量（中细～普通粗型的直纱线。
本白色或灰色），直径 2.5cm 的纽扣 5 个。

针

棒针 13 号，11 号。钩针 8/0 号。

*棒针是前后身一起编织，所以用环针（60cm）容
易编织。

用 4 根针也可以编织，如果用 2 根针编织有时会有
长度不够的情况。

其他的工具

a /缝合针 缝合，接合，线的收尾时使用。

b /防止绽线针 休针时使用。也可用其它棉线代
替针。

c /竹质珠针（编织用）缝合袖子或领子时使用。

d /记号笔 带卡子的类型容易使用。

要点

如果线断了…
把断开的变细的部分对接，
用两手轻轻撮合，瞬间就回复原样了。

▌试编

为了使自己的成品和书的尺码相同，和密度配合编织是很重要的。首先先试着编织样片，然后测量样片的密度。

[用手指挂线起针]

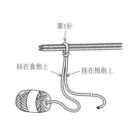

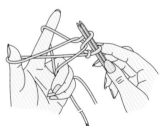

1 从环中引出线。

2 穿过根棒针勒紧（第 1 针），挂在食指和大拇指上。

3 用剩余的手指按住线，用棒针按照箭头指示，挑起左手的线。

4 左手食指的线拉紧不动，先松开拇指的线。

5 继续，按照箭头指示，伸入拇指，把线挂在拇指上。

6 张开拇指撑紧线，勒紧针。第 2 针完成。

7 编织必要针数的起针后，抽出 1 根针开始编织。

要点

起针时使用 2 根棒针。在作品当中使用的是 11 号和 13 号的棒针各 1 根来起针的。

［正针和反针　编织片的编织方法］

编织片是由正针和反针两种编织针构成。正针的反面是反针,反针的反面是正针。每行改变方向编织的往返编织的情形,编织反面时编织与编织记号图相反的编织针。环编的情形按照记号图编织。

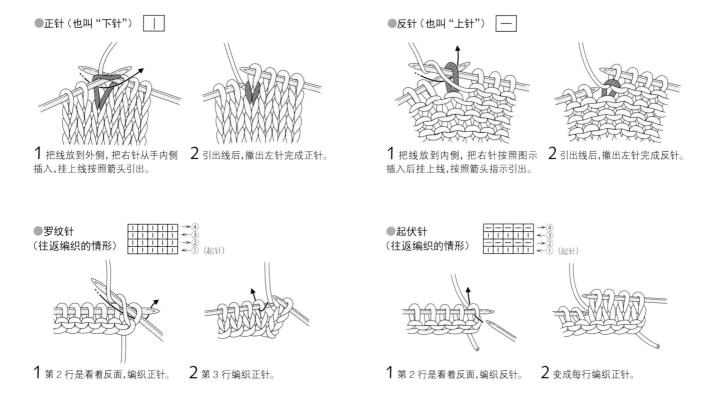

● 正针（也叫"下针"）　| |

1 把线放到外侧,把右针从手内侧插入,挂上线按照箭头引出。

2 引出线后,撤出左针完成正针。

● 反针（也叫"上针"）　—

1 把线放到内侧,把右针按照图示插入后挂上线,按照箭头指示引出。

2 引出线后,撤出左针完成反针。

● 罗纹针（往返编织的情形）

1 第2行是看着反面,编织正针。

2 第3行编织正针。

● 起伏针（往返编织的情形）

1 第2行是看着反面,编织反针。

2 变成每行编织正针。

［测量密度］

起针编织25针,参照40页的"提花花样编织"编织15~20cm。用熨斗的蒸汽轻轻熨烫平整,测量编织片中央10cm见方内的针和行的数量。如果作品的密度是"13针16行",成品尺码就是胸围96cm,肩宽37cm,衣长54.5cm,袖长54.5cm的M尺码。

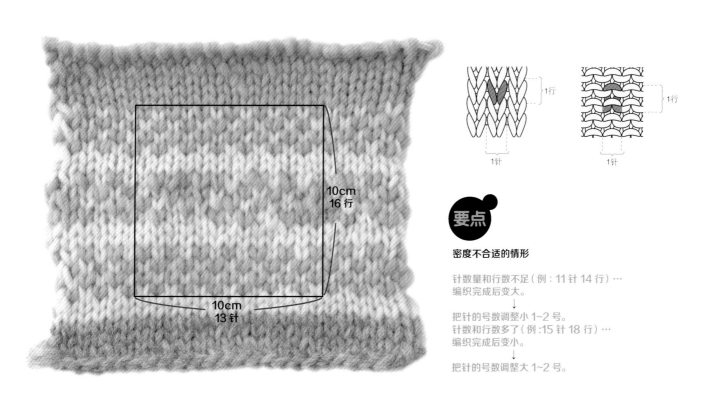

10cm
16 行

10cm
13 针

1行

1针

1行

1针

要点

密度不合适的情形

针数量和行数不足（例:11针14行）…编织完成后变大。
↓
把针的号数调整小1~2号。

针数和行数多了（例:15针18行）…编织完成后变小。
↓
把针的号数调整大1~2号。

2. 编织大身和袖

前后身一起编织。没有肋部缝合不会杂乱,能够简单完成。

[编织方法顺序]

1 使用手指挂线起针(36页)编织120针。
2 使用11号针编织2针松紧针14行。编织开始和编织结尾是下针3针。
3 改换13号针编入花样。第1针是编织完成27针后挂针然后加针1针,第2行是扭针编织前行的挂针(43页)。
4 继续编织1针的编入花样(40页)。
5 从9行开始编织"编织包裹渡线"的编入花样。
6 编织46行后、后身和左前身的针后编织结尾休针。
7 一边减针一边编织右前身(42页),编织结尾休针。
8 重新挂线(42页),编织后身后编织结尾休针。
9 重新挂线,编织左前身后编织结尾休针。
10 袖是与大身相同方法起针编织。袖下是编织挂针和扭针的加针(43页),袖山是编织立起端边1针的减针,编织结尾伏针收针。使用相同要领再编织1片。

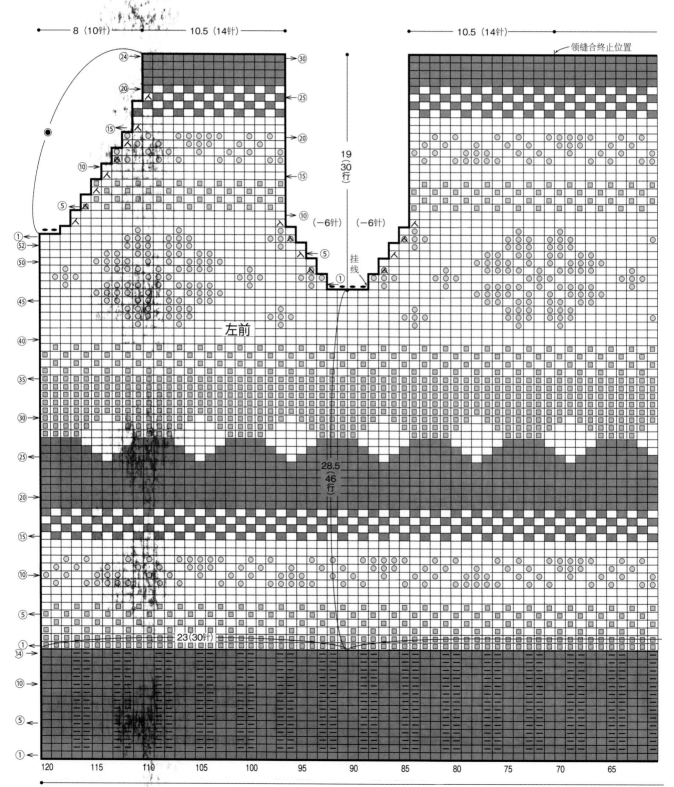

38

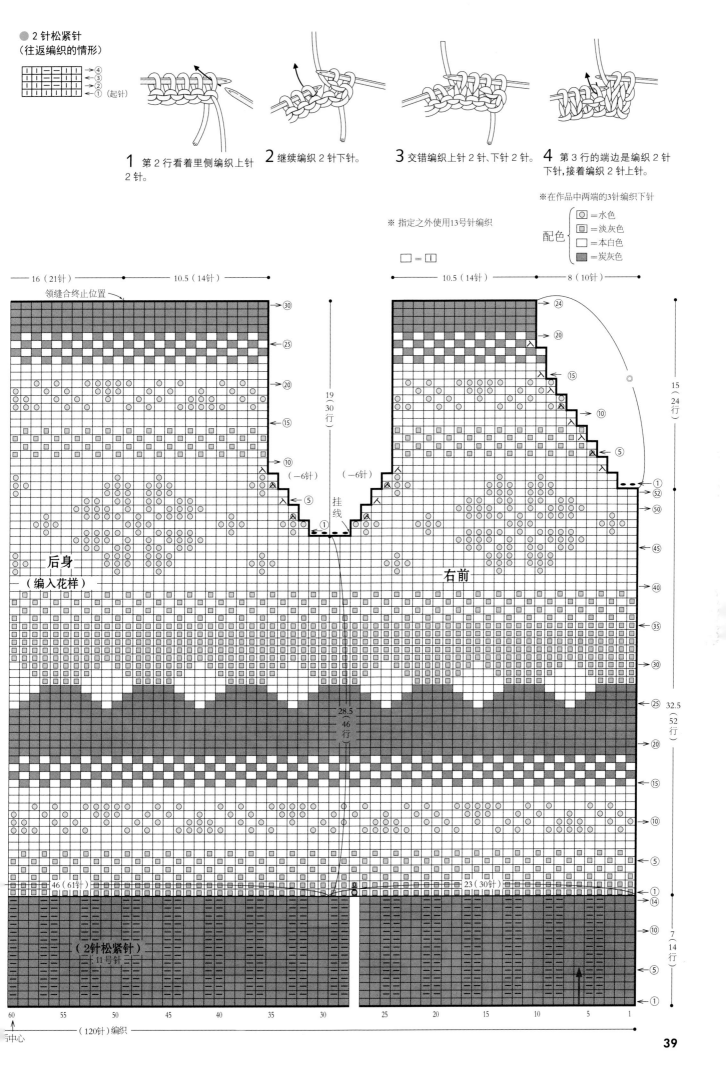

● 2针松紧针
（往返编织的情形）

1 第2行看着里侧编织上针2针。

2 继续编织2针下针。

3 交错编织上针2针、下针2针。

4 第3行的端边是编织2针下针,接着编织2针上针。

※在作品中两端的3针编织下针

※ 指定之外使用13号针编织

配色 { ◎=水色
◻=淡灰色
□=本白色
▨=炭灰色 }

□ = ①

领缝合终止位置

16（21针）　　10.5（14针）

10.5（14针）　　8（10针）

19（30行）

15（24行）

后身
（编入花样）

右前

28.5
46行

32.5（52行）

46（61针）

23（30针）

〈2针松紧针〉
11号针

7（14行）

60　55　50　45　40　35　30　　25　20　15　10　5　1

←（120针）编织
中心

［编织提花花样］

给你介绍容易分清主线和配线的关系，容易编织的，线挂在两只手的法式编织和美式编织搭配的编织方法。在编织"1针×1针的提花编织"时习惯了两手挂线的编织方法再"编织包裹渡线"就会变得很容易了。"编织包裹渡线"每隔1针交叉渡线编织包裹。

＊用一般的"编织包裹渡线"编织也可以编织出同样的编织片。

● 1针×1针的提花编织

1 左手挂上主线，右手挂上配线拿好。

2 编织主线时，用法式编织挂在左手的线。

3 用配线编织时，用美式编织从外侧把挂在右手上的配色线挂在针上。

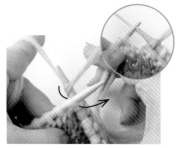

4 引出后编织正针。从反面编织时，两手挂线，编织反针。

● "编织包裹渡线"的提花花样

1 渡线时，一边编织包裹渡线一边编织。右手持主线，渡线挂在左手。

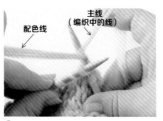

2 首先，在渡线的下面插入针，主线用右手挂线。

3 直接引出线。

4 渡线在主线上面。

5 接着，在主线上插入针，把主线挂在针上。

6 直接引出线。渡线在主线下面。

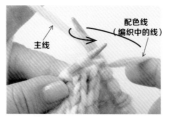

7 在用配色线编织时，交换拿起左右的线，在主线的下面插入针。

8 挂上右手的线引出。

9 主线的渡线在编织针上面。

10 接着在渡线的上面插入针。

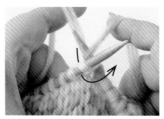

11 挂上右手的线引出。

12 主线的渡线，在编织中的配色线下面。

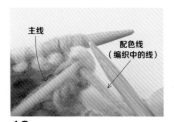

13 从反面编织的行也是同样，主线挂在右手，渡线挂在左手。

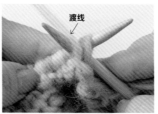

14 从渡线的下面插入针。

15 挂上右手的线引出。

16 渡线在编织中的线的上面。

17 接着从主线的渡线的上面插入针。

18 挂上线引出。

19 渡线在编织的线的下面。

配色线

主线
（编织线）

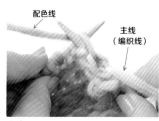

20 在用主线编织时，交换拿起左右的线，同样的方法编织。

21 从渡线的下面入针，把右手的线挂在针上，引出。

22 渡线在编织的线的上面。

23 接着，在渡线的上面插入针。

24 挂上右线引出。渡线在编织的线的下面。然后重复编织。

● 提花花样的反面

[大身分开编织]

一边编织提花花样一边编织完前后身46行后，按照右前身→后身→左前身的顺序分开编织。

● 编织完前后身46行时

留在针上接着继续编织

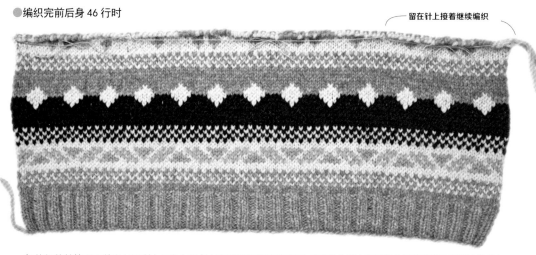

把编织的针按照左前身（32针），后身（61针），右前身的顺序分开后，用另外的线（或是防止绽线别针）固定（休针）。
＊为了容易看，使用了与作品不同颜色的线编织。

● 编织顺序

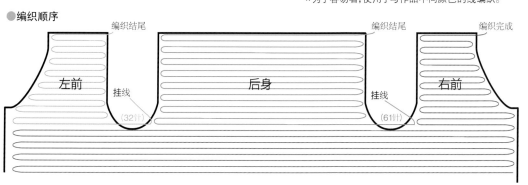

编织结尾　　　　　　　　　　编织结尾　　　　　　　编织完成

左前　　　挂线　　　　后身　　　　　挂线　　　右前

（32针）　　　　　　　　　　　（61针）

［大身的减针］

大身是一边编织袖窿和领窿一边编织。1 针的减针是 2 针并 1 针，2 针以上是编织伏针。
2 针并 1 针可以在同一行编织，伏针的减针只能在开始编织时候编织。左侧的伏针在错开 1 行的反针的行编织。

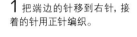 ← 2 针并 1 针的减针

●右上 2 针并 1 针 ◁

1 把端边的针移到右针，接着的针用正针编织。

2 用左针覆盖端边的针完成右上 2 针并 1 针。

●左上 2 针并 1 针 ▷

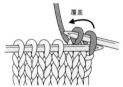

1 按照箭头指示把针插入左端的 2 针。

2 编织正针。

3 完成左上 2 针并 1 针。

 ← 伏针

●右侧的伏针

1 从端边开始编织正针。

2 把左针插入第 1 针，盖在第 2 针后撤掉针。然后重复"编织正针覆盖"。

●左侧的伏针

1 从端边开始编织 2 针反针。

2 把左针插入第 1 针，盖在第 2 针后撤掉针。然后重复"编织反针覆盖"。

编织完右前身

*为了容易看，使用了与作品不同颜色的线编织。

［重新挂线编织］ 开始编织后身、左前身时，重新挂线，编织完袖窿后，开始编织。

1 把用另外一根线休针的针移到针上。注意不要改变了休针的方向。

2 把后身部分 61 针移到针上。

3 把针插入右侧相邻的大身的左端的针。

4 把新编织的线引出。

5 用新引出的线，编织袖窿的伏针。

编织完大身

※ 为了容易看，使用了与作品不同颜色的线编织。

袖用与大身相同的方法起针（36 页），袖下是编织挂针和扭针的加针，袖山是减针（42 页）后编织，编织结尾处收针编织（44 页）。

● 挂针和扭针的加针（罗纹针的情形）

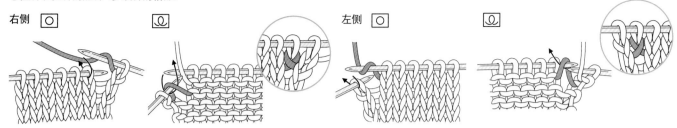

右侧 ⃞

1 边端的针用正针编织，把线从内侧向对面挂在针上，下一针编织正针。

⃞

2 在下一行按照箭头指示插入针，把挂针扭转编织。

左侧 ⃞

1 在边端 1 针内侧，把线从外侧向内侧挂在针上，端边针编织正针。

⃞

2 在下一行按照箭头指示插入针，把挂针扭转编织。

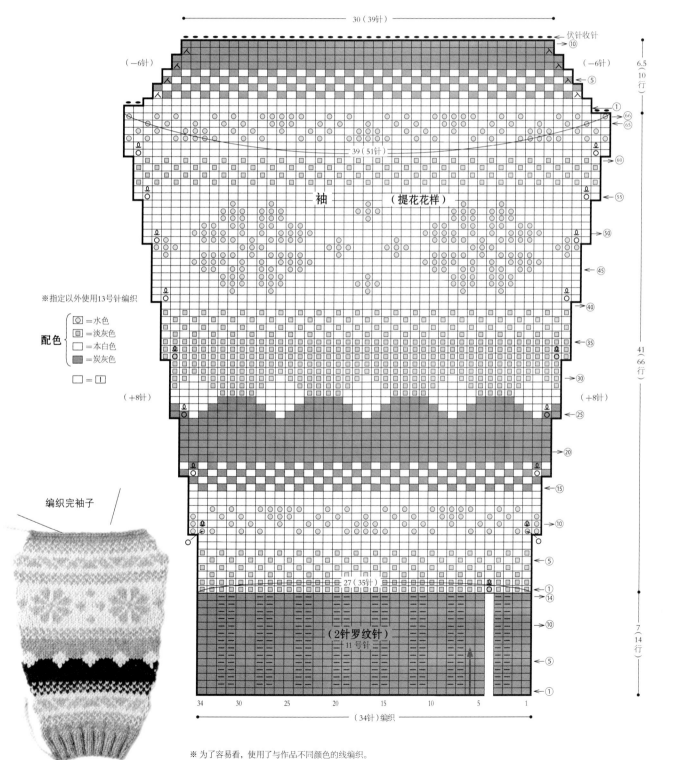

30（39 针）

伏针收针 ←⑩

（−6 针）   （−6 针）←⑤

←①

66
65

39（51 针）

袖 （提花花样）

6.5（10 行）

←60
←55
←50
←45
←40
←35
←30
←25
←20
←15
←10
←⑤
←①
←⑭
←⑩
←⑤
←①

41（66 行）

7（14 行）

※指定以外使用13号针编织

配色
⃞ = 水色
⃞ = 淡灰色
⃞ = 本白色
⃞ = 炭灰色
⃞ = ⃞

（+8 针）   （+8 针）

27（35 针）

（2 针罗纹针）
11 号针

编织完袖子

34   30   25   20   15   10   5   1
（34 针）编织

※ 为了容易看，使用了与作品不同颜色的线编织。

43

3. 编织领

[编织方法顺序]

后领

1 从后领开口的正面侧挑针,编织后领。
2 编织起伏针6行后,第7行是在边端1针内侧挂针后编织加针。第8行是把前行的挂针扭转编织。
3 参照记号图,相同方法编织加针一边编织36行,编织结尾处伏针收针。

前领

1 看着前领和后领的正面,分别从后领挑针编织起伏针。
2 编织14行后,第15行开始,参照记号图一边在两端编织2针并1针的减针(42页)一边编织。
3 编织40行,编织结尾处伏针收针。

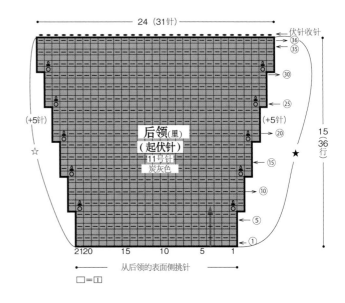

编织后领

●起伏针

＊大身的肩部的花样为了容易看使用了与作品不同的颜色编织

1 把休针的针移到针上。注意不要改变休针的方向。

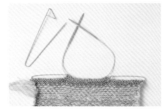

2 休针移到针上。

3 把编织片翻回到正面,重新挂线。

4 后领用起伏针编织。

●挂针和扭针的加针（起伏针的情形）

右侧 ○

1 端边的针编织正针,线直接挂到针上,下一针编织正针。

2 在下一行扭转编织挂针。注意插入针的方向。

左侧 ○

1 在边端1针内侧,线直接挂到针上,端边用正针编织。

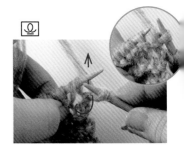

2 在下一行扭转编织挂针。注意插入针的方向。

●收针（起伏针的情形）

1 边端2针用正针编织。

2 把1针覆盖在2针上。

3 接着反复编织"编织正针覆盖内侧的针"。

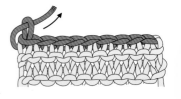

4 把线头穿过最后剩下的针勒紧。

［编织前领］

●挑针的位置

●从后领挑针编织

1 从新挂线，看着大身的反面，从后领的针和其下一针的中间插入针挑针编织。

2 挑针编织 4 针。

3 从一侧编织 23 针。接着一边减针编织一边编织起伏针 40 行。

4 相反一侧是从后领的编织结尾挑针。

5 从边端 1 针的内侧挑针 23 针。挑针编织到最后。接着编织 40 行。

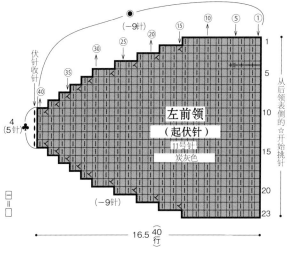

左前领
（起伏针）
11号针
炭灰色

16.5 ⌒40行⌒

伏针收针

4
(5针)

(−9针)

(−9针)

从后领表侧的☆开始挑针

日＝□

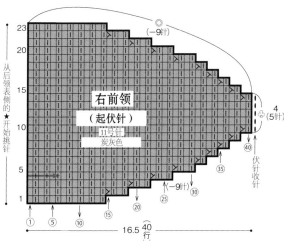

右前领
（起伏针）
11号针
炭灰色

16.5 ⌒40行⌒

伏针收针

4
(5针)

(−9针)

(−9针)

从后领表侧的★开始挑针

大身上缝合了领子

※为了容易看与作品使用了不同的颜色

45

4.收尾

编织前襟,然后把零部件组合收尾。
＊为了容易看, 使用了与作品不同的颜色

[收尾的顺序]

1 从前身挑针编织 2 针的松紧针,并在右前襟开扣眼。
在编织结尾处,一边编织正针和反针一边收针。
2 肩部是看着正面引拔针接合。
3 领是用引拔针缝合,接着与前襟用针和行的接合方法接合。
4 袖是用针与行的结合,挑缝缝合,罗纹针接合,与大身缝合。
5 缝合纽扣后完成收尾。

[编织前襟]

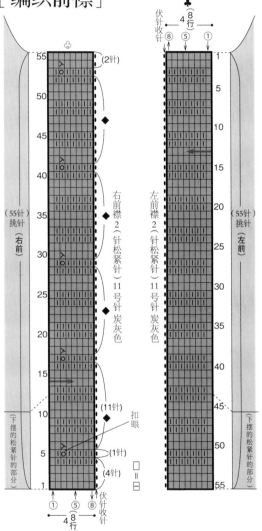

●从前身挑针缝合

1 从新挂线,前身边端 1 针内侧插入针,引出线。
按照箭头指示把针插入左侧的 2 针编织正针。

2 用相同要领,从松紧针的部分开始挑针编织 12 针。

3 接着挑针编织 43 针。

●编织扣眼

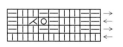

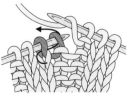

1 在第 2 针的反针位置编织挂针。

2 挂针和左上 2 针并 1 针的扣眼编织完成。

然后编织 2 针松紧针,编织结尾处,分别在正针和反针处编织正针和反针后收针编织。

46

［接合肩缝合领］

组合配件，用缝合，接合连接。因为本体的线容易断，根据部位缝合的线可以使用 2 股的中细到普通粗的直纱线。线的颜色请选择与本体颜色接近的颜色。
＊收尾的照片为了容易看，改变了肩部的花样和领的颜色。

●引拔针接合（使用本体的线）

 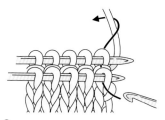 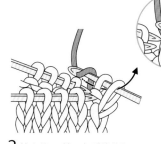

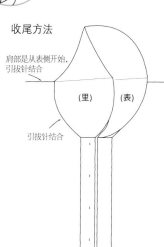

1 把前后身正面对合（照片是右前身侧），把休针向右侧移到针上。

2 把钩针插入前身和后身的端边。

3 挂上线，2 针一起引拔编织。

收尾方法

肩部是从表侧开始，引拔针结合

（里）　（表）

引拔针结合

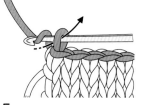  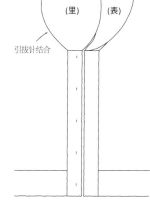

4 接着，从前后身各取 1 针，挂线于针上，一起引拔编织。

5 把所有的针 1 针 1 针的引拔，最后也是 1 针引拔编织。

6 完成引拔针接合。相反一侧也是用同样方法编织。

●前领用引拔针与大身缝合（使用本体的线）

左领　　　　　　　　　　　　　　　　　　　　　　　　　　　　　右领

1 把领和前身按照图示对合，在适当位置用珠针固定。

2 从端边 1 针内侧插入钩针，挂上线一边引拔一边缝合。

3 用引拔针缝合左前领后。

4 右前领用同样方法缝合。

●前领用针与行接合方法与前襟接合（使用本体的线或直纱线）

缝合了前襟、领

1 对齐前襟和前领的结尾处（图中是左领）。

2 把线穿在缝合针上，把前领放在内侧，从端边针出针，接着挑起前襟的收针。

3 前襟（行的一侧）是挑起 1 针内侧的渡线，领（针一侧）是 1 针 1 针的挑起收针的下面。

4 完成针和行的接合。引线的力度掌握在接合线看不到的程度。
※ 为了容易看改变了接合位置的颜色

※ 为了容易看，使用了与作品不同颜色的线编织。

[缝合袖]

在大身上缝合袖。收尾的线使用2股中细到普通粗的直纱线。
※ 为了容易看，使用了与作品不同颜色的线编织。

● 大身的直线的部分和袖山直线部分用针与行的接合方法连接（使用直纱线）

1 在大身和袖的适当位置做几处记号，按照箭头指示袖（针一侧）放在内侧，大身（行一侧）放在外侧。

2 把线穿在缝合针上，挑起袖山的收针的下面的半针和下一针的半针的2针。

3 大身是挑起1针内侧的渡线，袖的针是把接合针变成锁针的形状，在同一针2次挑针。

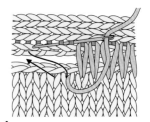

4 在调整针数量和行数的差时，在行的一侧2行一起挑起。

5 结合了前身的直线部分的情形。接合线是拉到看不见的程度。

6 肩接合部分是紧贴住接上的部分挑起。接着，后身侧的直线部分也用同样要领接合。

● 减针部分挑针缝合

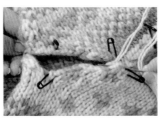

1 从针与行的接合开始继续，袖山，袖窿的减针部分挑针缝合（参照袖山挑针缝合）。

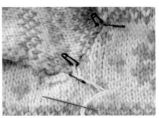

2 大身，袖的行的部分都是1行1行的交互挑起1针内侧的渡线。

● 固定针的部分用罗纹针接合（使用直纱线）

1 从挑针缝合开始继续，固定针部分用罗纹针接合。

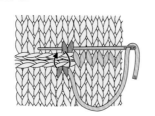

2 袖的针，大身的针，都是半针半针的交互挑起2根。

● 袖山用挑针编织（使用直纱线）

1 袖山是从松紧针部分开始挑针编织。把线穿在缝合针上。把针插入开始编织侧（内侧）的起针。

2 把针插入编织结尾侧（外侧）的起针，挑起反面端边针内侧的渡线。

3 外侧也是挑起端边1针内侧的渡线。

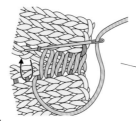

4 1行1行的交互挑起端边1针内侧的渡线。

完成

5 缝合了松紧针部分的情形。缝合线是拉到看不见的程度。

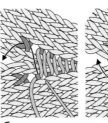

6 加针的部分是按照图示挑起扭针。

※ 纽扣的缝合方法参照76页

重点课程
[横向渡线编入]

单点花样的编入是，纵向渡线编织。
用两手拿线的美式编织法，能够不弄错主线和配色线的渡线进行顺利编织。

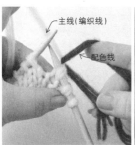

1 在配色的2针手内侧，把配色线与主线掺杂。
接着用主线编织1针。

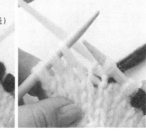

2 接着，每针一边用配色线编织包裹主线一边编织。花样的结尾是编织包裹到配色。

3 从反面看到的情形。

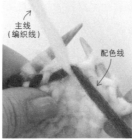

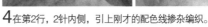

4 在第2行，2针内侧，引上刚才的配色线掺杂编织。

5 接着，每针一边用配色线包裹主线一边编织，
编织包裹到花样的结尾的配色线编织的2针之前。

6 第3行也是同样的从2针内侧开始一边编织包裹配色线一边编织。

重点课程
#14 连肩袖夹克衫

斜向插入的肩线为设计重点的连肩袖夹克衫。请记住领隆的"不出角的伏针"
的编织方法和领、袖的缝合的重点。

[减针的方法]

插肩线的减针是在2针内侧进行。右侧是左上2针并1针，左侧是右上2针并1针，2针立起，收尾的挑针可以容易的完成。另外，领隆的第2次的伏针是不出角的，用以下要领编织。

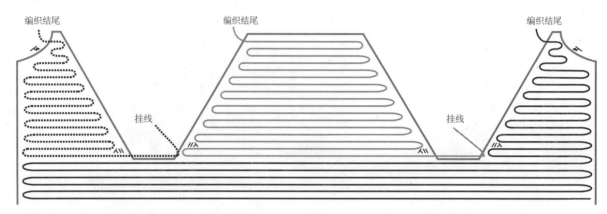

●不出角的伏针

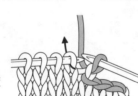

右前领隆

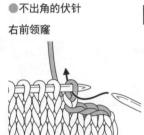
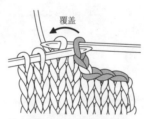
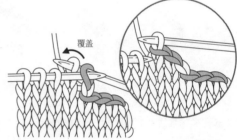

1 开始的针不编织，直接移动到右针。

2 下一针，编织正针。

3 把不编织直接移动的针覆盖到编织的针上（第1针的伏针）。

4 下一针也是编织正针，把右侧的针覆盖到编织针上（第2针的伏针）。

左前领隆

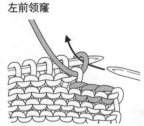
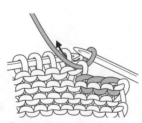
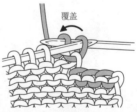
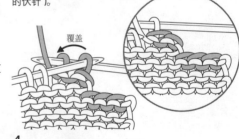

1 开始的针不编织，直接移动到右针。

2 下一针，编织反针。

3 把不编织直接移动的针覆盖到编织的针上（第1针的伏针）。

4 下一针也是编织反针，把右侧的针覆盖到编织针上（第2针的伏针）。

编织了大身

［收尾方法］

由于本体的线容易断，所以收尾润饰时的线，使用中细到普通粗的直纱线。线的颜色请选择与本体接近的颜色。首先，挑针缝合插肩线（48页），两侧部分用罗纹针缝合。从大身，袖开始挑针编织领，缝合到大身。缝合拉链后（52页）完成编织。

●插肩线用挑针缝合（使用描图纸）

1 看着正面对合大身和袖的插肩线，挑起大身的插肩线第1行端边1针内侧的渡线。

2 挑起袖侧的插肩线的第1行，端边1针内侧的渡线。

3 参照48页的"挑针缝合袖山"，每行交互挑起渡线。

4 一边把缝合线拉紧到看不到的程度，一边缝合。缝合到最后行，缝合线从反面出来后处理线头。

●两侧部分用罗纹针接合（使用描图纸）

1 接合两侧部分。对合袖的固定部分6针和大身的固定部分9针。

2 把线穿过缝合针，把针插入大身侧的端边半针和固定部分侧的端边半针。

3 袖侧的固定部分是把针插入端边半针和固定侧的端边半针，接着按照箭头指示插入针。

4 接着，把针插入袖侧半针。

 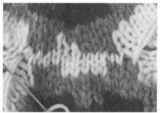

5 接着，大身侧是按照照片指示插入针，袖侧是按照箭头指示插入针。

6 针数量不同的罗纹针接合是在针少的一方挑起半针进行调整。

要点

线头是从反面出来，然后把线头穿到编织片的端边切断后处理线头。

●挑针编织后领

1 把针插入右袖的伏针第4针。

●领的挑针的位置

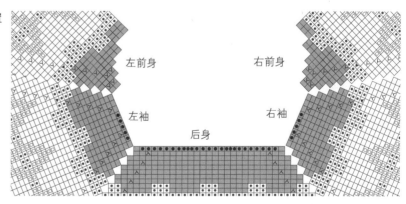

左前身　　右前身

左袖　　右袖

后身

●完成后领的挑针

2 重新引出线。参照图进行挑针。

重点课程
拉链的安装方法

请记住穿脱容易的拉链安装方法。看起来很难，记住后会很简单。

[编织前襟]   前身的前端边部分，编织细编后编织前襟。

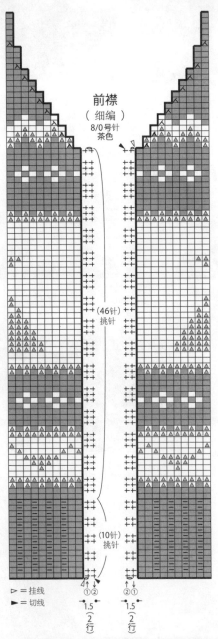

前襟
（细编）
8/0号针
茶色

（46针）
挑针

（10针）
挑针

▷ = 挂线
► = 切线

④↑②①
1.5
（2行）

②①④↑
1.5
（2行）

●细编

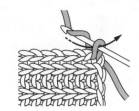

1 在端边针挂线。

2 在锁针1针立起，编织细编。挂线后引出。

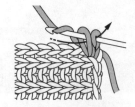

3 再一次挂线引出，完成细编1针。

4 按照箭头指示插入针，编织上细编后编织前襟。

●编织了前襟

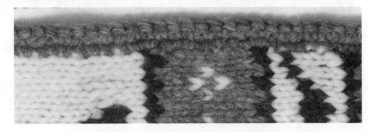

开口拉链

双向拉手2个

[在缝合拉链之前]

1 在开口拉链的下侧，很硬不容易穿针，所以预先用裁缝用尖头固定针开4处针孔备用。

2 拉链的上侧，按照图片指示折成三角型缝住。

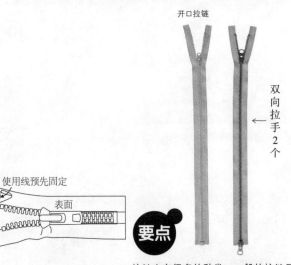

使用线预先固定

表面

要点

拉链也有很多的种类。一般的拉链只有一个拉手，这次使用的拉链是双向2个拉手。向左右都可以开合使用很方便。拉链买稍长点的，在商店里直接切成需要的尺码。

［缝合拉链］

左右不错开不褶皱的，对合后用固定针固定后缝合。固定针和缝合针使用西式缝纫的尖头针。

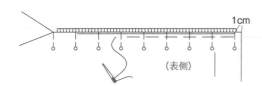

1 拉链是分开后，单侧单侧的缝合。下摆侧，领侧，正中间用固定针固定，在其中间也固定几处。

2 把拉链用固定针缝合到大身。

3 注意固定针，不要被固定针扎到手，把拉链假缝合到大身。假缝合后去掉固定针。

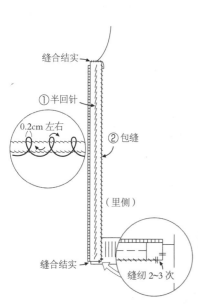

4 在线上穿过缝合用线，用半回针缝合。

5 领侧的端边是彻底的缝合。

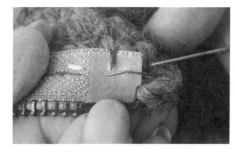

6 线头，是在拉链侧的前面一点出来，打结后切断。

7 下摆侧，把线穿过打好的针孔2、3次后缝合固定。

8 缝合相反一侧的拉链。把拉链闭合。

9 左右不能错开的，紧密的用固定针固定。缝合位置决定以后，拉开拉链，与相反一侧用相同要领缝合。

#01 男士-M 女士-L 作品见 P.4

●材料
加拿大风格3S 茶色（3）240g/3团，本白色（1）95g/1团，
深茶色（4）60g/1团；45cm的开口拉链1根。

●工具
棒针13号，11号；钩针8/0号。

●成品尺码
胸围97cm，肩宽31cm，衣长61cm。

●密度
10cm见方提花花样13针，16行。

●编织方法
大身 前、后继续用手指挂线起针，从下摆1针松紧针开始编织。提花花样是用编织包裹渡线的方法编织，中央部分的花样是把连接处用横向渡线编入的方法编织。编织到肋缝时，停止编织后身和左前身，编织右前身。袖隆是在4针的起伏针的内侧减针，领隆是立起端边1针减针编织。肩部针休针。在右袖隆处挂线编织6针伏针，编织后面。编织结尾是在缝合领止口做记号后休针。在左袖隆挂线编织6针伏针，左前身用与右前身相同的要领对称编织。

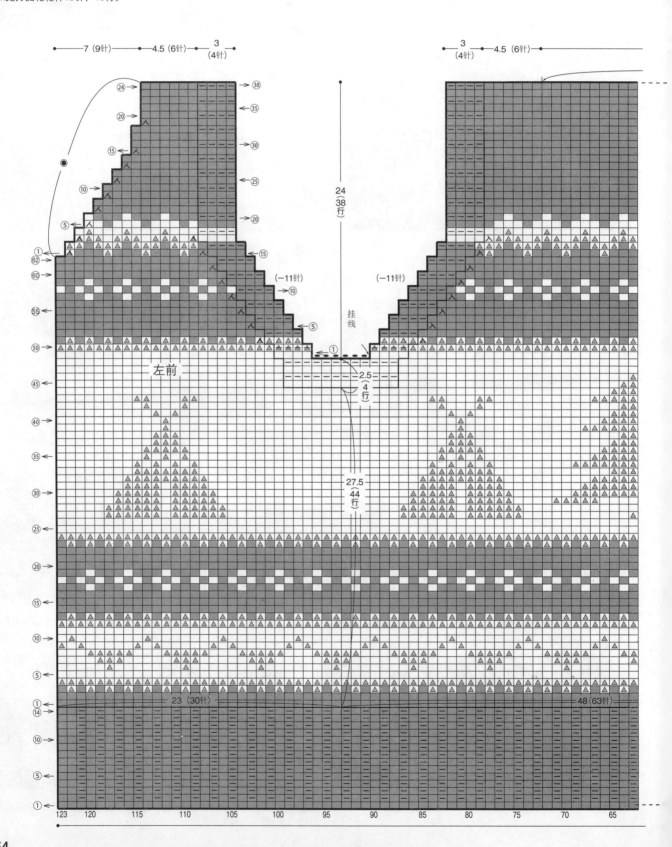

拼接 从后领开口挑针，用起伏针编织后领。两端是在端边1针内侧编织挂针和下一行的扭针的加针，编织结尾是收针编织。反面成为正面。前领是看着后领的正面挑针，编织端边1针内侧的减针。在前端编织细编2行，肩部是里面相对对折，看着前身引拔针接合。把前领窿和前领的相同记号处用引拔针接合。在前端缝合开口拉链。

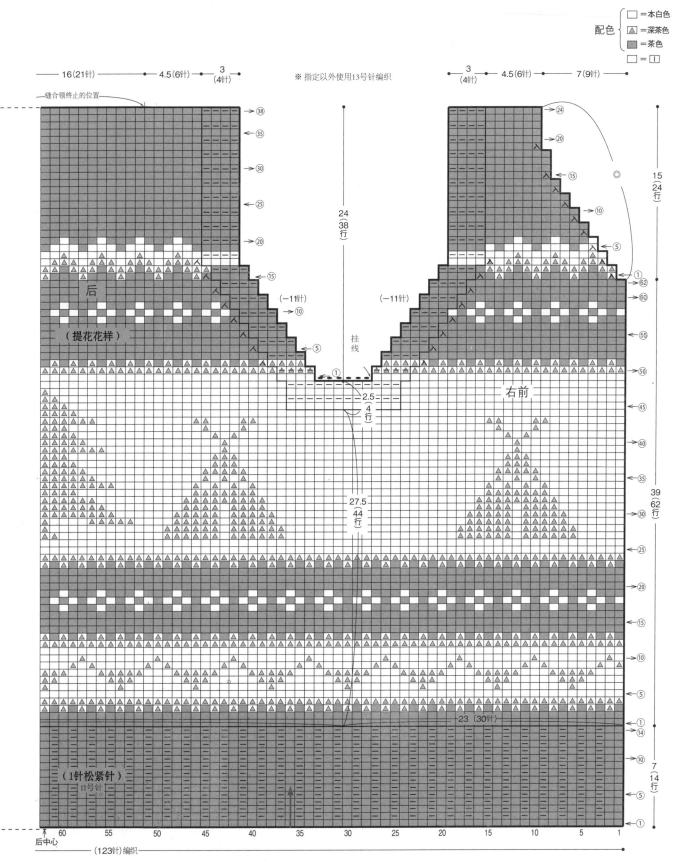

配色 {
□ =本白色
▲ =深茶色
▨ =茶色
□ = □

※ 指定以外使用13号针编织

55

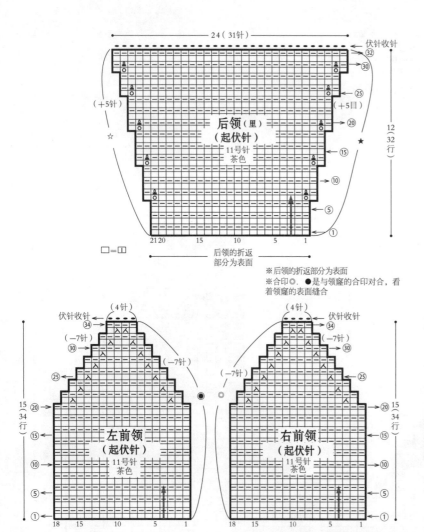

24 (31针)

伏针收针

后领（里）
（起伏针）

11号针
茶色

12（32行）

（+5针）
（+5目）

21 20　15　10　5　1

□=□

后领的折返
部分为表面

※后领的折返部分为表面
※合印○. ●是与领窿的合印对合，
看着领窿的表面缝合

伏针收针
（4针）
（34）
（−7针）
（30）
（−7针）
（−7针）
（25）

左前领
（起伏针）

11号针
茶色

15（34行）

（20）
（15）
（10）
（5）
（1）

18　15　10　5　1

从后领表侧的☆开始挑针

（4针）
（34）
（−7针）
（30）
（−7针）
（−7针）
（25）

右前领
（起伏针）

11号针
茶色

15（34行）

（20）
（15）
（10）
（5）
（1）

18　15　10　5　1

从后领表侧的★开始挑针

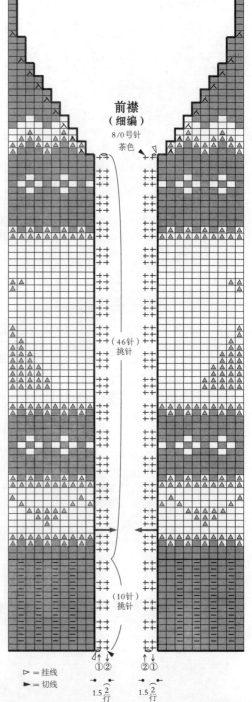

前襟
（细编）

8/0号针
茶色

（46针）
挑针

（10针）
挑针

▷ = 挂线
► = 切线

1.5 2行　　1.5 2行

收尾方法

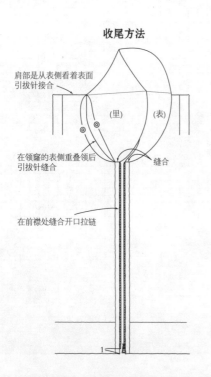

肩部是从表侧看着表面
引拔针接合

（里）　（表）

在领窿的表侧重叠领后
引拔针缝合

缝合

在前襟处缝合开口拉链

1

56

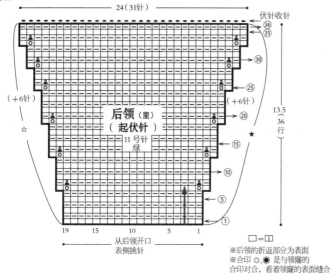

24（31针）

伏针收针

36
35

后领（里）
（起伏针）

11号针
绿

13.5
36
行

（+6针）

（+6针）

☆

★

从后领开口
表侧挑针

※后领的折返部分为表面
※合印 ○、● 是与领窿的
合印对合，看着领窿的表面缝合

□=□□

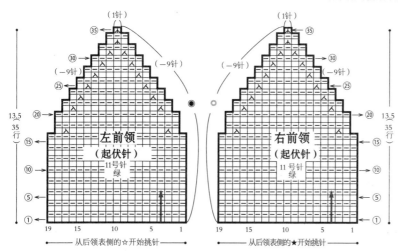

（1针）

（1针）

35

35

30

30

（−9针）

（−9针）

（−9针）

（−9针）

25

25

左前领
（起伏针）

右前领
（起伏针）

11号针
绿

11号针
绿

13.5
35
行

20

20

13.5
35
行

15

15

10

10

5

5

1

1

从后领表侧的☆开始挑针

从后领表侧的★开始挑针

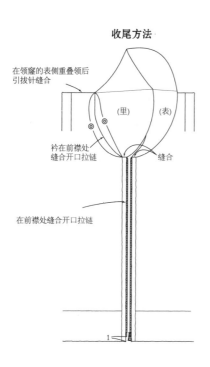

收尾方法

在领窿的表侧重叠后领
引拔针缝合

（里）

（表）

衿在前襟处
缝合开口拉链

缝合

在前襟处缝合开口拉链

1

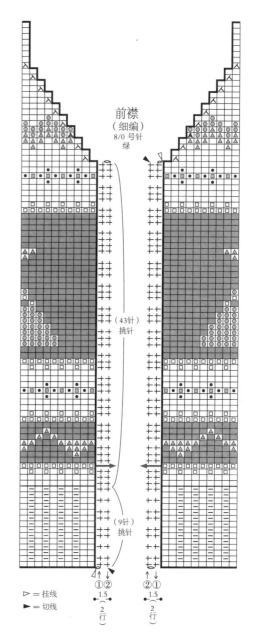

前襟
（细编）
8/0号针
绿

（43针）
挑针

（9针）
挑针

▷ = 挂线
► = 切线

1.5
2行

1.5
2行

① ②

② ①

#02 女士-M 作品见 P.5

●**材料**
加拿大风格3S 绿色（6）200g/2团，深茶色（4）80g/1团，橙
色（11）50g/1团，翡翠绿（7），本白色（1）各30g/1团，粉色
（12），蓝色（8）各10g/1团。41cm的开口拉链1根。

●**工具**
棒针13号，11号；钩针8/0号。

●**成品尺码**
胸围93cm，肩宽30cm，衣长57cm。

●**密度**
10cm见方提花花样13针，16行。

●**编织方法**
大身 前、后继续用手指挂线起针，从下摆1针松紧针开始编织。提花花
样是用编织包裹渡线的方法编织，中央部分的花样的连接处用横向渡线提
花编织的方法编织。编织到肋缝，停止编织后身和左前身，编织右前身。
袖隆的起伏针有用配色线编织的行。袖隆是在3针的起伏针的内侧减针编
织，领隆是立起端边1针减针编织。肩部的针休针。在右袖隆处挂线编织
6针伏针，编织后面。编织结尾是在领撇门止口做记号后休针。在左袖隆
挂线编织6针伏针，左前身用与右后身相同的要领对称编织。

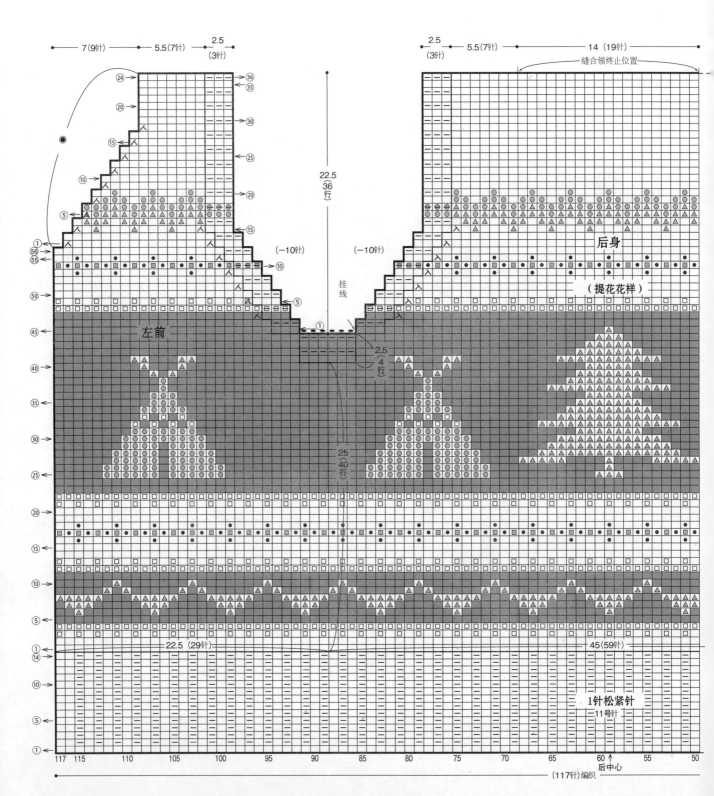

58

拼接　从后领开口挑针，用起伏针编织后领。两端是在端边1针内侧编织
挂针和下一行的扭针的加针，编织结尾是收针编织。反面成为正面。前领
是看着后领的正面挑针，编织端边1针内侧的减针。在前端编织细编2行，
肩部是里面相对对折，看着前身引拔针接合。引拔针缝合前领和前领的相
同记号处。在前端缝合开口拉链。

※ 领、前襟、收尾方法在57页继续。

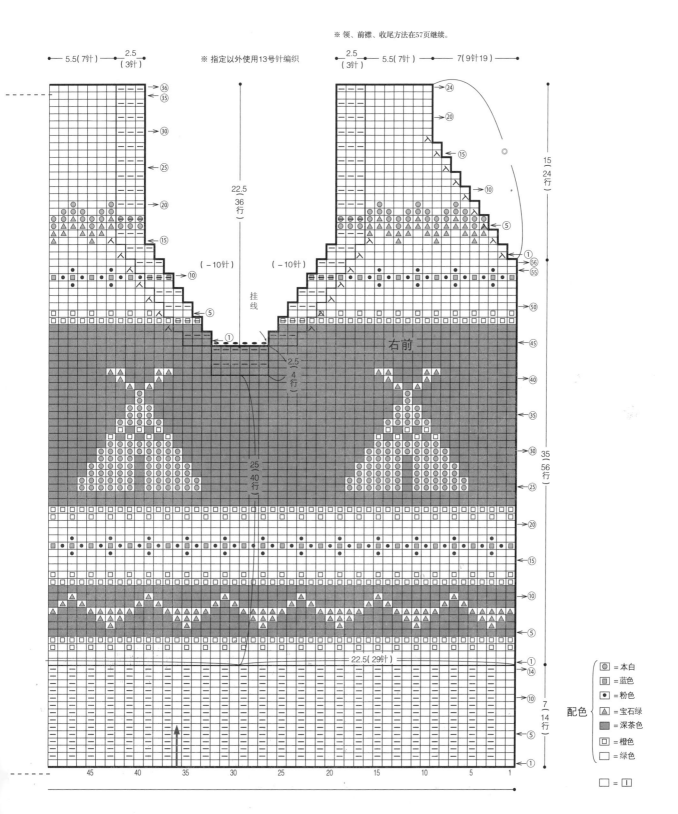

配色
- ◎ = 本白
- ▦ = 蓝色
- ● = 粉色
- △ = 宝石绿
- ▨ = 深茶色
- □ = 橙色
- □ = 绿色

□ = □

#03 女士 作品见 P.5

●材料

加拿大风格3S 绿色（6）80g/1团，深茶色（4）10g/1团，
橙色（11）8g/1团，翡翠绿（7）7g/1团，粉色（12），
蓝色（8）各3g/1团。

●工具

棒针13号，11号。

●成品尺码

脚腕周长30cm，衣长20.5cm。

●密度

10cm见方提花花样13针，16行。

●编织方法

用手指挂线起针，用编织包裹渡线的提花花样编织圈。穿口用1针松紧针编
织，编织结尾是正针编织正针，反针编织反针。把穿口外翻过来。

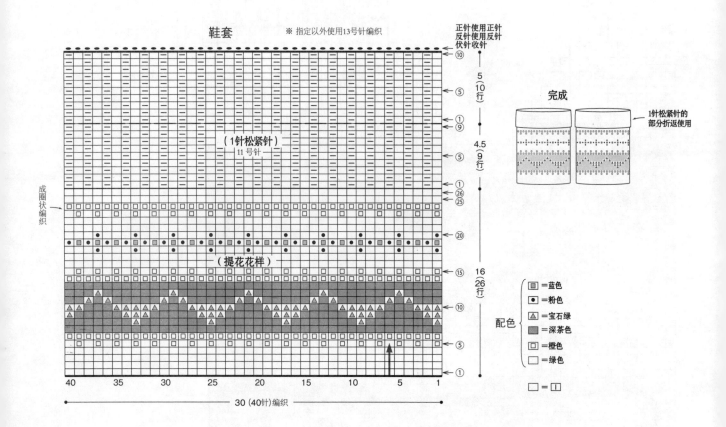

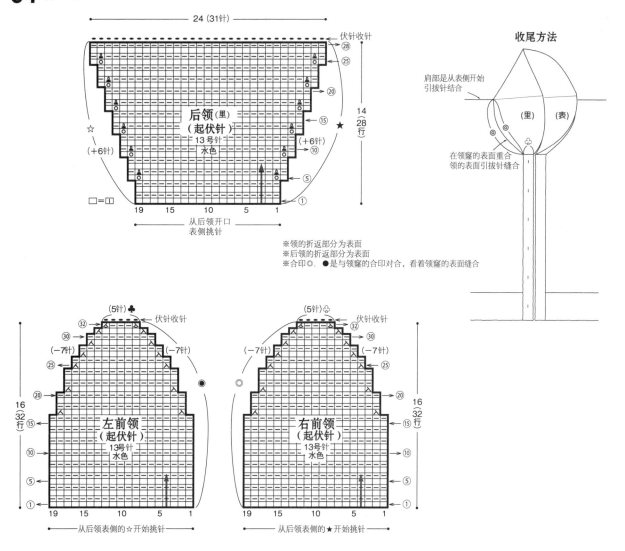

※领的折返部分为表面
※后领的折返部分为表面
※合印◎.●是与领窿的合印对合,看着领窿的表面缝合

收尾方法

肩部是从表侧开始引拔针结合

(里) (表)

在领窿的表面重合领的表面引拔针缝合

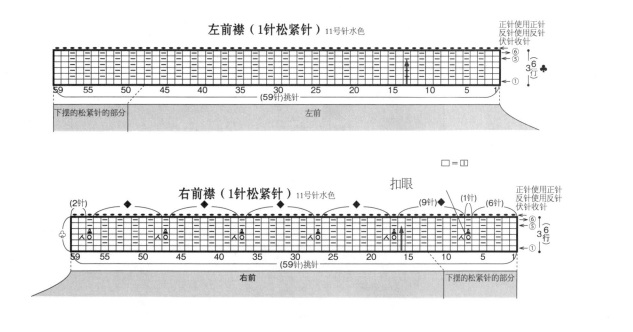

61

#04 女士-M 作品见 P.6

●材料
加拿大风格3S 水色（9）275g/3团，本白色（1）55g/1团，深
茶色（4）40g/1团，绿色（6），黄（10）各30g/1团。直径2.1cm
的纽扣6个。

●工具
棒针13号，11号。钩针8/0号。

●成品尺码
胸围91cm，肩宽30cm，衣长57cm。

●密度
10cm见方提花花样13针，16行。

●编织方法
大身 前、后继续用手指挂线起针，从下摆的1针松紧针开始编织。提花
花样是用编织包裹渡线的方法编织，中央部分的花样是把连接处用横向
渡线编入的方法编织。编织到肋缝处，停止编织后身和左前身，编织右
前身。袖隆是在3针的起伏针的内侧减针编织，领隆是立起端边1针减针
编织。肩部针休针。在右袖隆处挂线编织6针伏针，编织后面。编织结尾
是在缝合领止口做记号后休针。在左袖隆挂线编织6针伏针，左前身用与
右前身相同的要领对称编织。

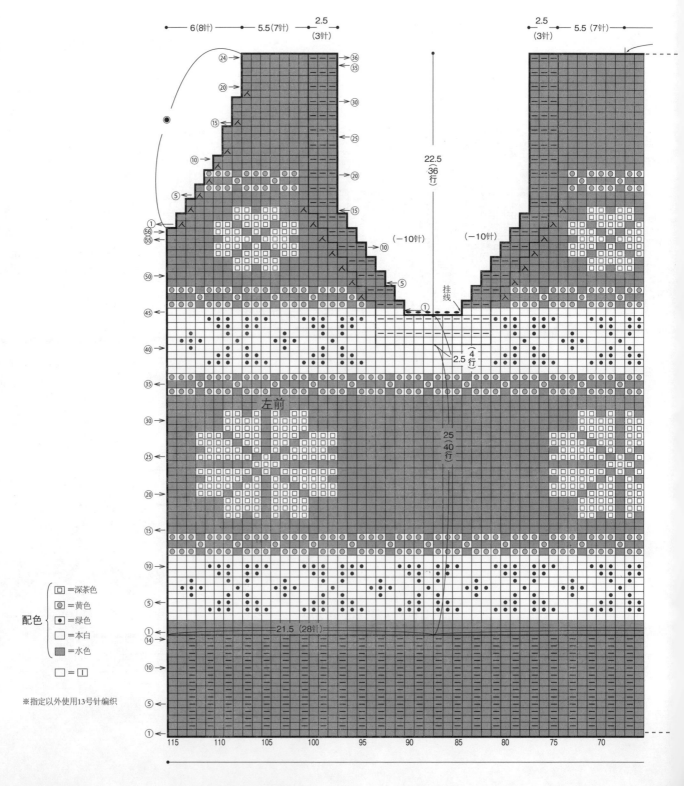

配色
- ▢=深茶色
- ◎=黄色
- ⊡=绿色
- □=本白
- ▨=水色

□ = ☐

※指定以外使用13号针编织

拼接 从后领开口挑针，用起伏针编织后领。在两端的1针内侧编织挂针和下一行的扭针的加针，编织结尾收针编织。反面成为正面。前领是看着后领的正面挑针编织，编织立起端边1针的减针。前襟挑针编织，在右前襟开纽扣扣眼。肩部是里面相对对折，看着前身引拔针接合。领窿和前领的相同记号处引拔针缝合。在左前襟缝合纽扣。

※领、前襟、收尾方法在61页继续。

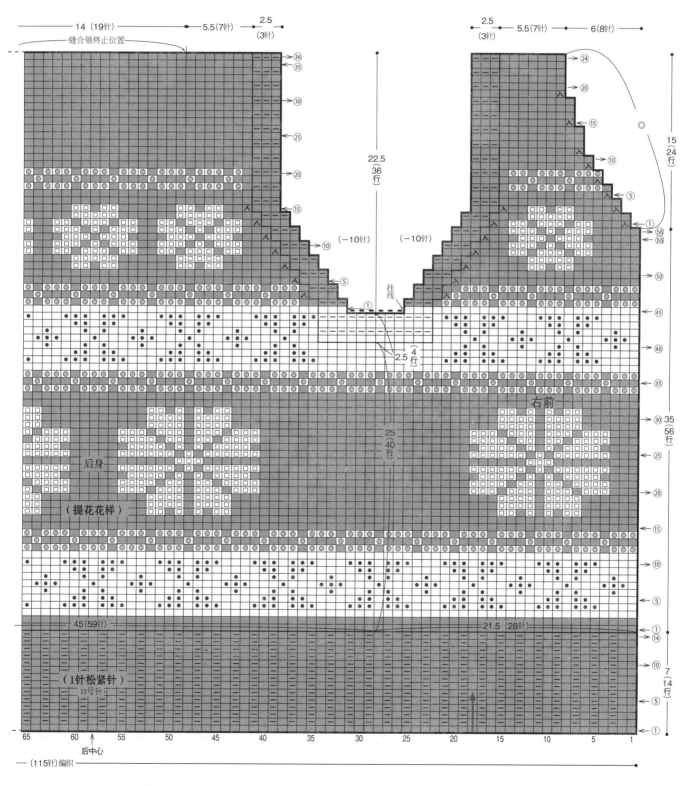

#05 男士-M 女士-L 作品见 P.7

●材料
加拿大风格3S 藏青（15）385 g / 4团，本白色（1）45 g / 1团，蓝色
（8）37 g / 1团，黄（10）6 g / 1团，红色（13）3 g / 1团。※M尺码
的使用量。直径2.1cm的纽扣6个。

●工具
棒针13号、11号。

●成品尺码
M尺码 胸围103cm，肩宽36cm，衣长66.5cm。
L尺码 胸围107cm，肩宽38cm，衣长72cm。

●密度
10cm见方提花花样13针，16行。

●编织方法
M，L尺码的编织方法是相同要领。

大身 前、后继续用手指挂线起针，从下摆1针松紧针开始编织。提花花
样是用编织包裹渡线的方法编织，但是，中央部分的花样是把连接处用
横向渡线编入的方法编织。编织到肋缝时，停止编织后身和左前身，编
织右前身。袖隆是在4针的起伏针的内侧减针，领隆是立起端边1针减针
编织。肩部的针休针。在右袖隆处挂线编织6针伏针，然后编织后面。编
织结尾是在缝合领止口做记号后休针。在左袖隆挂线编织6针伏针，把左
前用与右前相同的方法编织。

拼接 从后领开口挑针，用起伏针编织后领。在两端的1针内侧编织挂针
和下一行的扭针的加针，编织结尾收针编织。反面成为正面。前领是看
着后领的正面挑针后，在端边1针内侧减针编织。前襟挑针编织，但是，
在左前襟开纽扣眼，肩部是里面相对对折，看着前身引拔针接合。领隆
和前领的相同记号处用引拔针接合。在右前襟缝合纽扣。

收尾方法

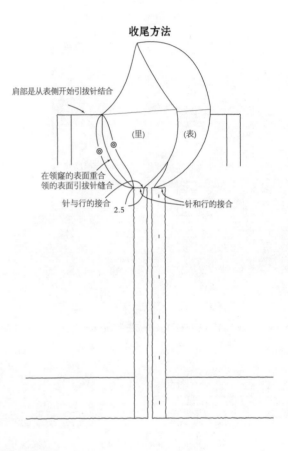

肩部是从表侧开始引拔针结合

（里） （表）

在领隆的表面重合
领的表面引拔针缝合

针与行的接合

2.5

针和行的接合

男士-M

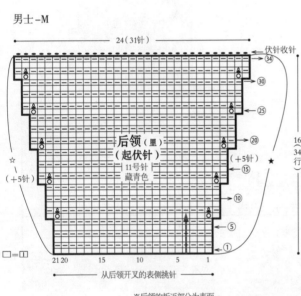

※后领的折返部分为表面
※合印○.●是与领的合印对合，看着
　领隆的表面缝合收尾方法

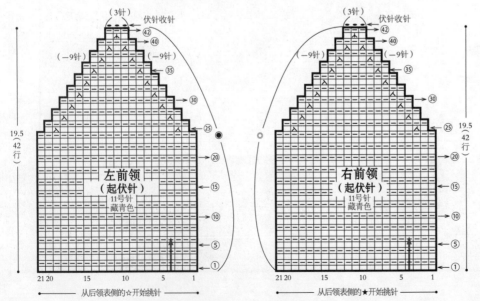

男士 -L

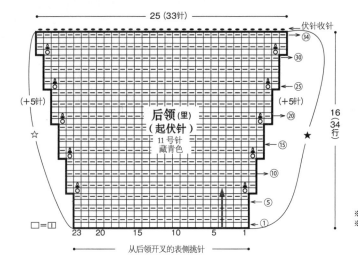

后领(里)
（起伏针）
11号针
藏青色

25 (33针)
16 (34行)

伏针收针
34
30
25
20
15
10
5
1

(+5针)
(+5针)

☆
★

□=⊡

23 20   15   10   5   1

从后领开叉的表侧挑针

※后领的折返部分为表面
※合印○. ●是与领窿的合印对合，看着领窿的表面缝合

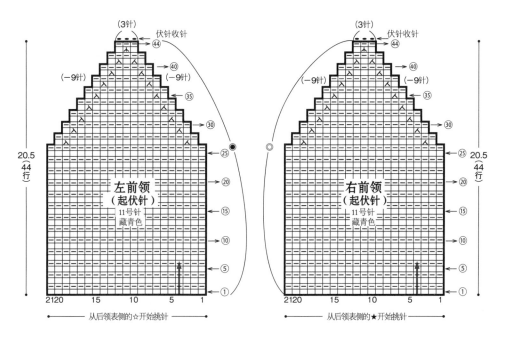

左前领
（起伏针）
11号针
藏青色

右前领
（起伏针）
11号针
藏青色

(3针) 伏针收针 44
(−9针) (−9针) 40
35
30
25
20
15
10
5
1

20.5 (44行)

2120   15   10   5   1

从后领表侧的☆开始挑针

从后领表侧的★开始挑针

右前襟（1针松紧针）11号针藏青色

正针使用正针
反针使用反针
伏针收针
6
5
3(6行)
1

71 70   65   60   55   50   45   40   35   30   25   20   15   10   5   1

（71针）挑针

右前

下摆的松紧针部分

□=⊡

左前襟（1针松紧针）11号针藏青色

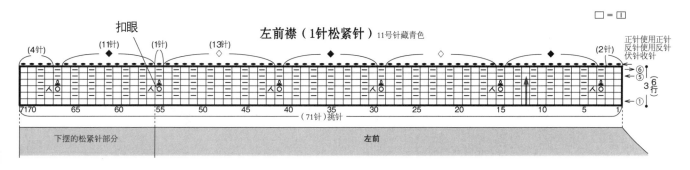

扣眼

(4针) (11针) (1针) (13针) ◆ ◇ ◆ (2针)

正针使用正针
反针使用反针
伏针收针
6
5
3(6行)
1

71 70   65   60   55   50   45   40   35   30   25   20   15   10   5   1

（71针）挑针

下摆的松紧针部分

左前

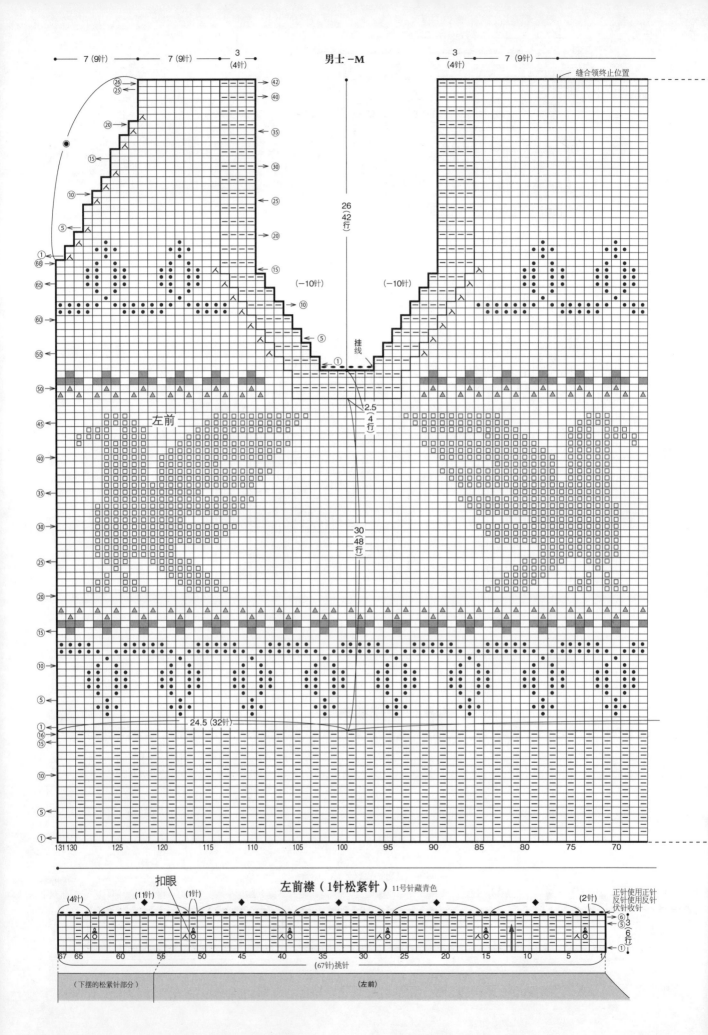

男士 -M

左前

左前襟（1针松紧针）11号针藏青色

扣眼

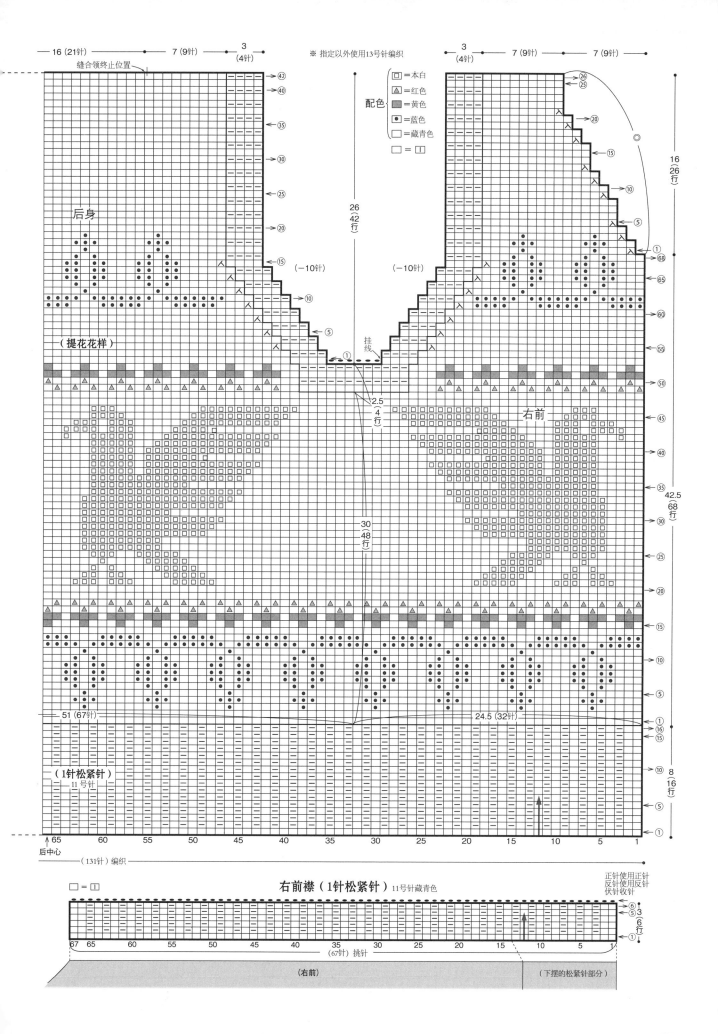

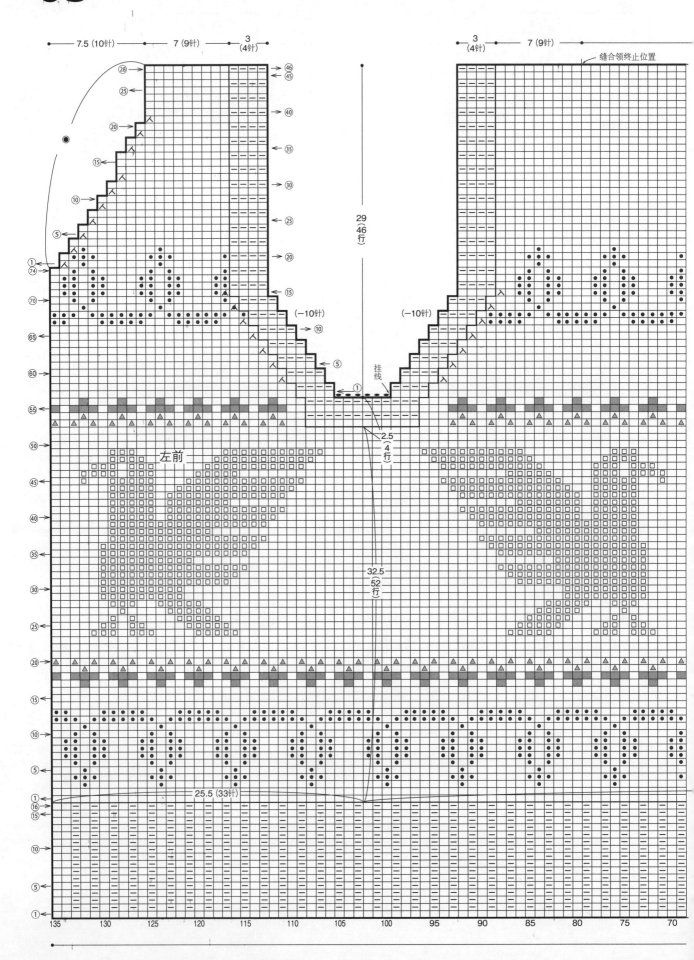

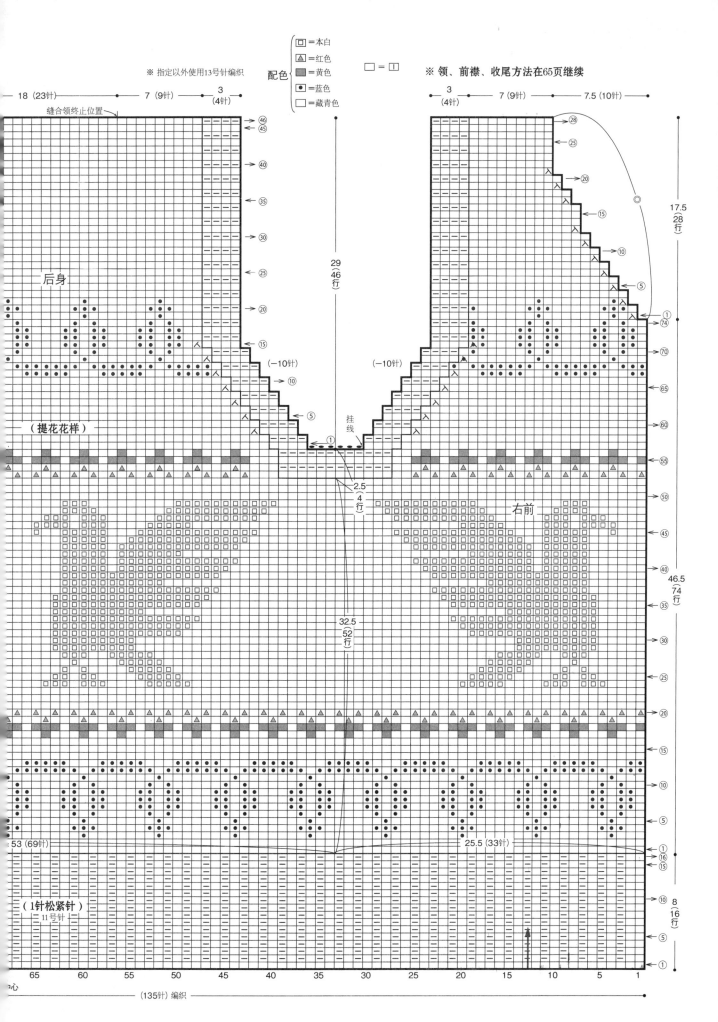

※ 指定以外使用13号针编织

配色
□=本白
▲=红色
■=黄色
・=蓝色
□=藏青色

□ = □

※ 领、前襟、收尾方法在65页继续

18（23针）　　7（9针）　　3（4针）

3（4针）　　7（9针）　　7.5（10针）

缝合领终止位置

后身

（提花花样）

（－10针）

（－10针）

挂线

右前

2.5 4行

29 46行

17.5 28行

46.5 74行

32.5 52行

（缝合领终止位置）

53（69针）　　　　25.5（33针）

（1针松紧针）
=11号针

8 16行

65　60　55　50　45　40　35　30　25　20　15　10　5　1

（135针）编织

#06 女士-M 作品见 P.8

●材料
加拿大风格3S 粉色（12）250g/3团，本白色（1），深茶色（4）各40g/1团，翡翠绿（7），黄（10），红色（13），水色（9）各20g/1团。43.5cm的开口拉链1根。

●工具
棒针13号，11号。钩针8/0号。

●成品尺码
胸围93cm，肩宽30cm，衣长57cm。

●密度
10cm见方提花花样13针，16行。

●编织方法
大身 前、后继续用手指挂线起针，从下摆的1针松紧针开始编织。提花花样是用编织包裹渡线的方法编织，但是，中央部分的花样是把连接处用横向渡线编入的方法编织。编织到肋缝时，停止编织后身和左前身，编织右前身。袖隆是在3针的起伏针的内侧减针编织。编织结尾处休针待用。在右袖隆处挂线编织6针伏针，编织后面。编织结尾是在帽子缝合止口，和后中心做记号后休针。在左袖隆挂线编织6针伏针，左前身用与右前身相同的要领对称编织。

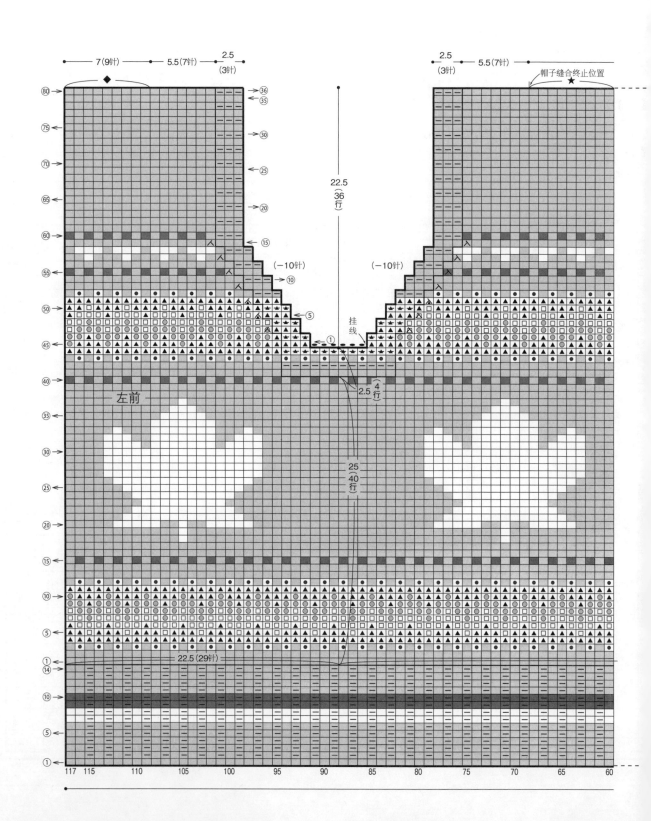

70

帽子　肩部是里面相对对折，看着前身引拔针接合。大身的编织结尾是
从各记号开始挑针，左右继续开始编织。后身在后中心的1针的两侧，编
织挂针和下一行的扭针的加针。顶点同样方法减针编织。编织结尾休针，
罗纹针接合。
拼接　前端继续编织到帽子，缝合开口拉链。

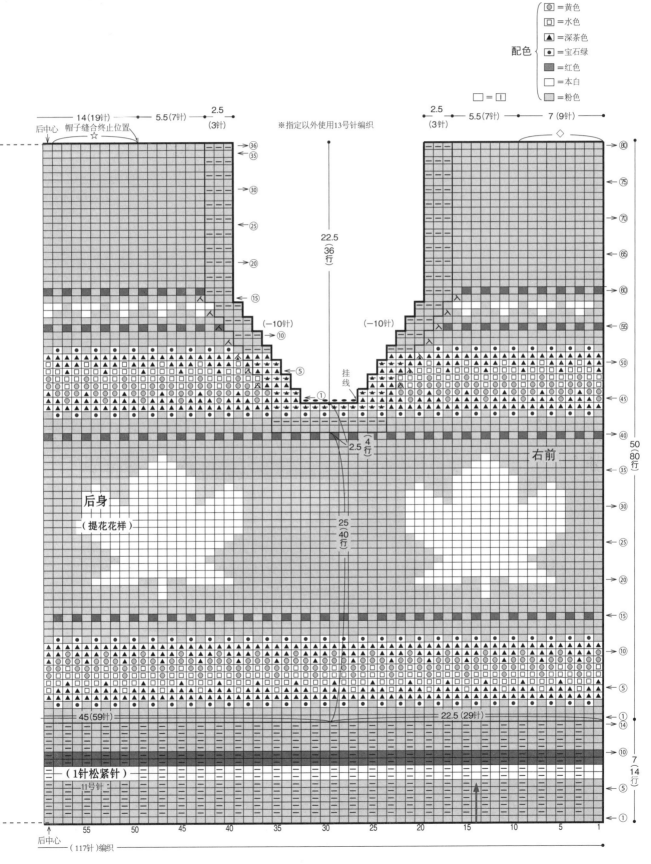

收尾方法

平针接合

肩部是从表面侧看着
前面引拔针接合

12.5

在前襟缝合开口拉链

1c

前襟（细编）

8/0号针 粉色

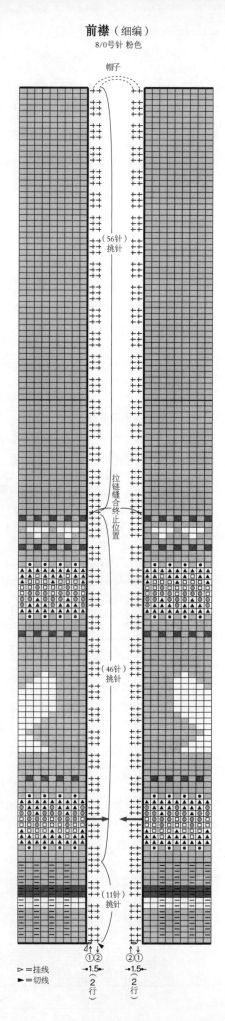

帽子

（56针）
挑针

拉链缝合终止位置

（46针）
挑针

（11针）
挑针

①②   ②①
→1.5← →1.5←
（2行） （2行）

▷ =挂线
► =切线

十 细编（也叫"短针"）

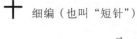

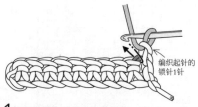

编织起针的
锁针1针

1把钩针插入前行头上的2根。

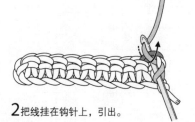

2把线挂在钩针上，引出。

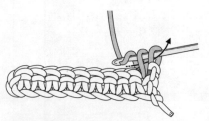

3把线挂在钩针上，挂在钩针上
的2个线圈引拔编织。

4编织了1针细针。把 1~3 重复
编织。

72

#18 女士 作品见 P.19

●材料
加拿大风格3S 粉色（12）20g/1团，深茶色（4）8g/1团，黄（10），
红色（13），水色（9）各5g/1团，翡翠绿（7），本白色（1）各3g/
1团。
●工具
棒针13号，11号。
●成品尺码
手腕周长18cm，衣长17.5cm。

●密度
10cm见方提花花样13针，16行。
●编织方法
用手指挂线起针，用1针开始编织圈。编入花样是用编织包裹渡线的方法
编织。编织结尾伏针收针。

手套　　　　　　※指定以外使用13号针编织

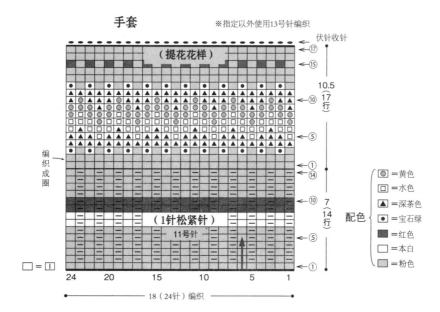

配色
◉ =黄色
□ =水色
▲ =深茶色
⊙ =宝石绿
■ =红色
□ =本白
▨ =粉色

□ = 工

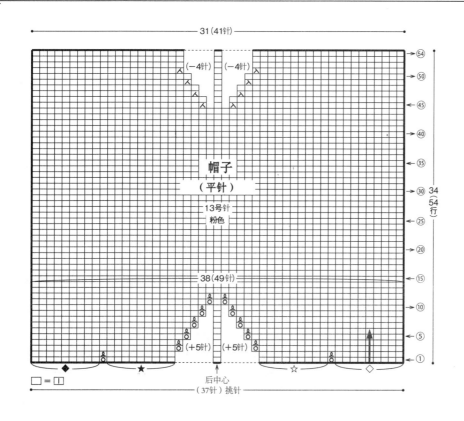

□ = 工

#07 女士-M 作品见 P.9

●**材料**
加拿大风格3S　浅灰色（2）250g/3团，翡翠绿（7）50g/1团，蓝色（8）35g/1团，橙色（11），本白色（1）各30g/1团。直径2.1cm的纽扣6个。

●**工具**
棒针15号，13号，11号。

●**成品尺码**
胸围91cm，肩宽30cm，衣长59.5cm。

●**密度**
10cm见方提花花样13针，16行。

●**编织方法**
大身　前、后继续用手指挂线起针，从下摆的1针松紧针开始编织。提花花样是用编织包裹渡线的方法编织，但是，中央部分的花样是把连接处用横向渡线编入的方法编织。编织到肋缝时，停止编织后身和左前身，编织右前身。袖窿是在3针的起伏针的内侧减针编织，领部是用起伏针编织。编织结尾休针。在右袖窿处挂线编织6针伏针，编织后面。编织结尾是在缝合领止口做记号后休针。在左袖窿挂线编织6针伏针，左前身用与右前身相同的要领对称编织。

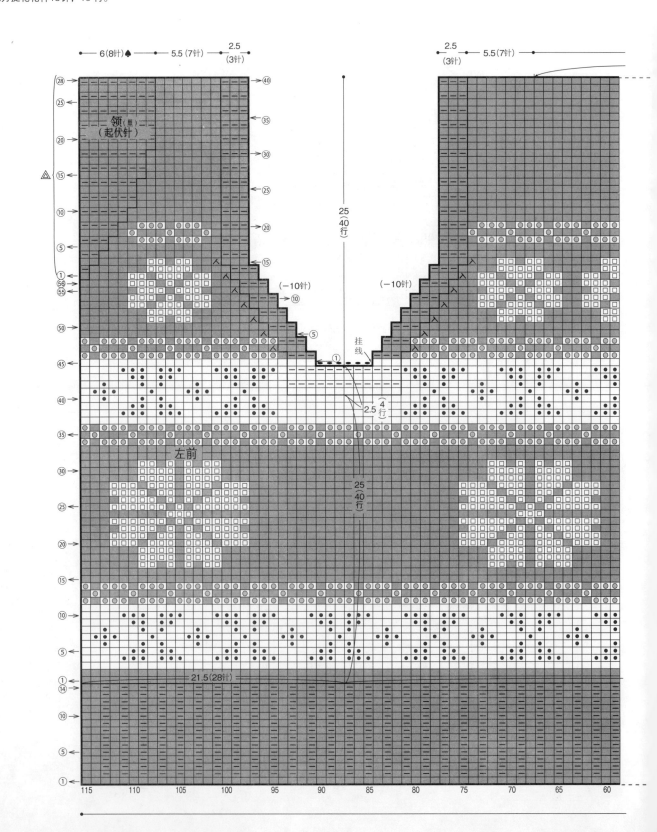

拼接　肩部是里面相对对折，看着前身引拔针接合。前领是看着大身正面，从右前，后领开口，左前开始挑针，一边改变棒针的号数一边编织。编织结尾收针编织。反面成为正面。前襟挑针编织，右前是挑针编织到右前端的指定位置后切断线。从接着的大身的途中和领的正面大身的反面挑针后切断线。第2行是在领侧重新挂线，领侧是领正面，大身反面，前端看着正面挑针编织。在左前襟缝合纽扣。

配色
- □ =绿色
- ◉ =橙色
- ● =本白
- □ =宝石绿
- ▨ =淡灰色

□ = □

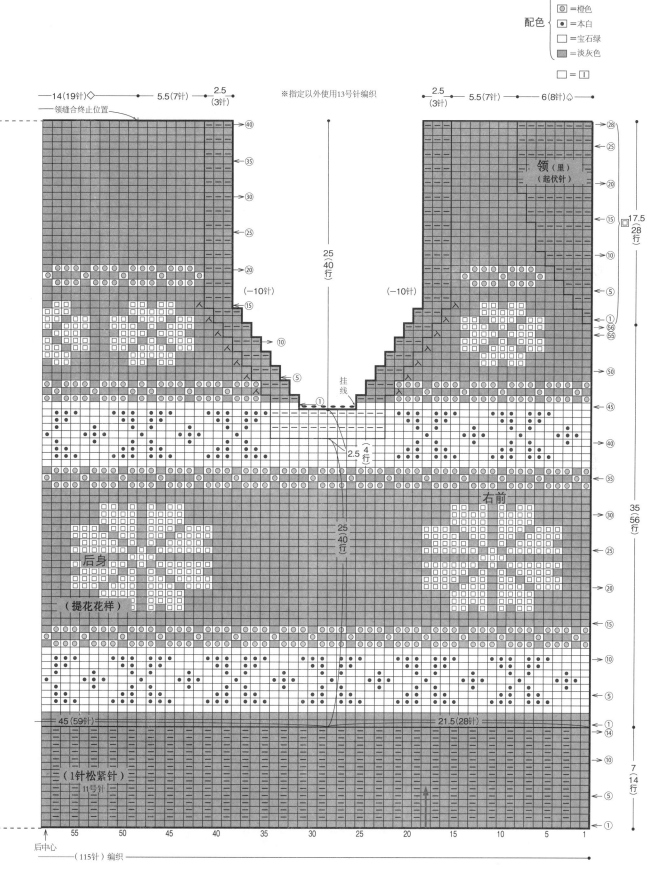

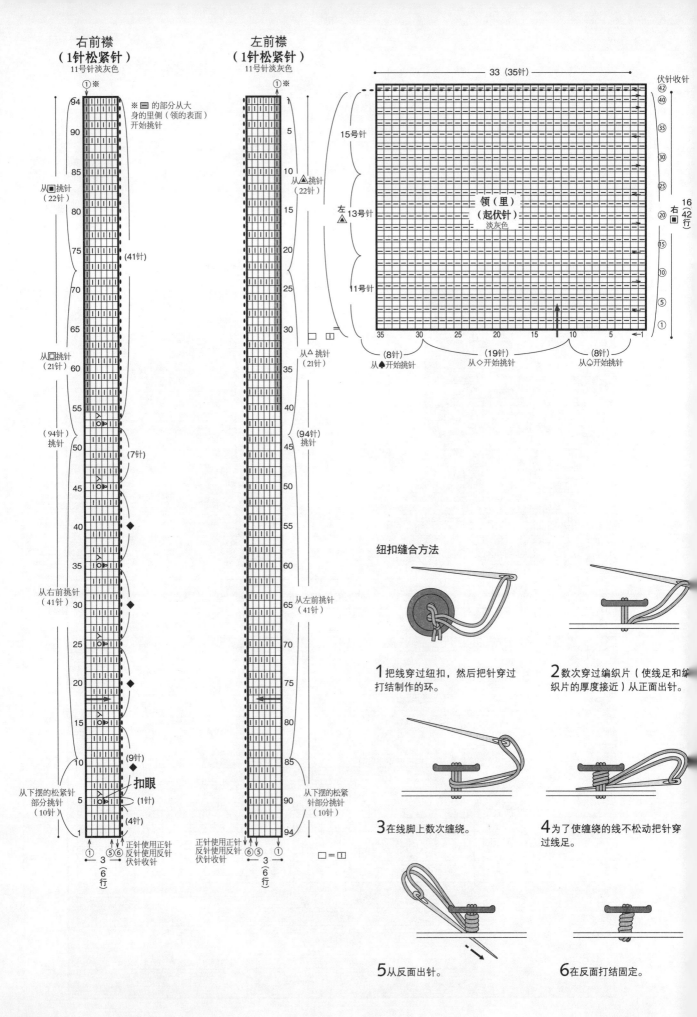

右前襟
（1针松紧针）
11号针淡灰色

① ※

※ □ 的部分从大
身的里侧（领的表面）
开始挑针

94
90
85

从□挑针
（22针）

80
75

（41针）

70
65

从回挑针
（21针）

60
55

（94针）
挑针

50
45

（7针）

40
35

从右前挑针
（41针）

30
25
20
15
10

（9针）

扣眼

从下摆的松紧针
部分挑针
（10针）

5

（1针）
（4针）

1

正针使用正针
反针使用反针
伏针收针

① ⑤⑥
← 3 →
6
(行)

左前襟
（1针松紧针）
11号针淡灰色

① ※

1
5
10

从△挑针
（22针）

15
20
25
30

从△挑针
（21针）

□ □

35
40
45

（94针）
挑针

50
55
60
65

从左前挑针
（41针）

70
75
80
85
90
94

从下摆的松紧
针部分挑针
（10针）

正针使用正针
反针使用反针
伏针收针

⑥⑤ ①
← 3 →
6
(行)

□ = □

---

33 （35针）

15号针

左 △ 13号针

领（里）
（起伏针）
淡灰色

11号针

35 30 25 20 15 10 5 ← 1

（8针）   （19针）   （8针）
从♠开始挑针   从◇开始挑针   从♤开始挑针

伏针收针
42
40
35
30
25
20 右 □
15
10
5
①

16
42
行

纽扣缝合方法

1 把线穿过纽扣，然后把针穿过
打结制作的环。

2 数次穿过编织片（使线足和编
织片的厚度接近）从正面出针。

3 在线脚上数次缠绕。

4 为了使缠绕的线不松动把针穿
过线足。

5 从反面出针。

6 在反面打结固定。

#08 女士 作品见 P.9

●**材料**
加拿大风格3S 浅灰色（2）55 g/1团，蓝色（8）20 g/1团，
橙色（11）10 g/1团。

●**工具**
棒针13号，11号。

●**成品尺码**
头围51cm，深25.5cm。

●**密度**
10cm见方罗纹针，提花花样都是13针，16行。

●**编织方法**
用手指挂线起针，用1针开始编织圈。编入花样是用编织包裹渡线的方法
编织。顶端6处减针编织，编织结尾把线穿过剩下的针。帽顶装饰球用3
种颜色制作，缝合到帽子顶端。

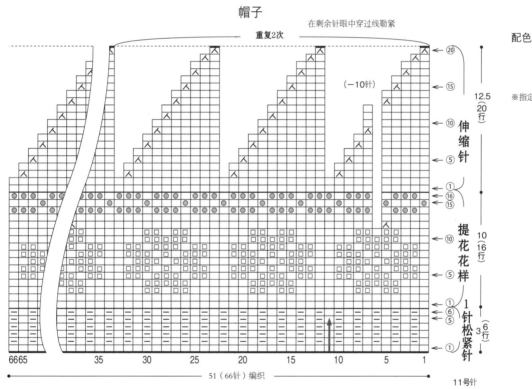

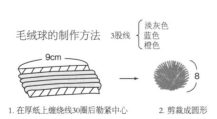

#09 女士 -M 作品见 P.12

●**材料**
加拿大风格3S 浅灰色（2）300g/3团，茶色（3）
200g/2团，本白色（1）140g/2团，橙色（11）100g/1团，
深茶色（4）25g/1团，46.5cm的开口拉链1根。

●**工具**
棒针13号，11号。钩针8/0号。

●**成品尺码**
胸围94cm，肩宽37cm，衣长60cm，袖长56.5cm。

●**密度**
10cm见方提花花样13针，16行。

●**编织方法**
大身　前、后继续用手指挂线起针，从下摆2针松紧针开始编织。在提花

花样的第1行，引上前行的渡线扭转编织1针加针。编织花样是用编织包裹渡线的方法编织。编织到肋缝时，停止编织后身和左前身，编织右前身。袖隆是用伏针和立起端边1针的减针编织。肩部针休针。在右袖隆挂线编织12针伏针，然后，编织后面。编织结尾是在缝合领止口做记号后休针。在左袖隆挂线编织12针伏针，然后，左前身用与右前身相同的要领对称编织。

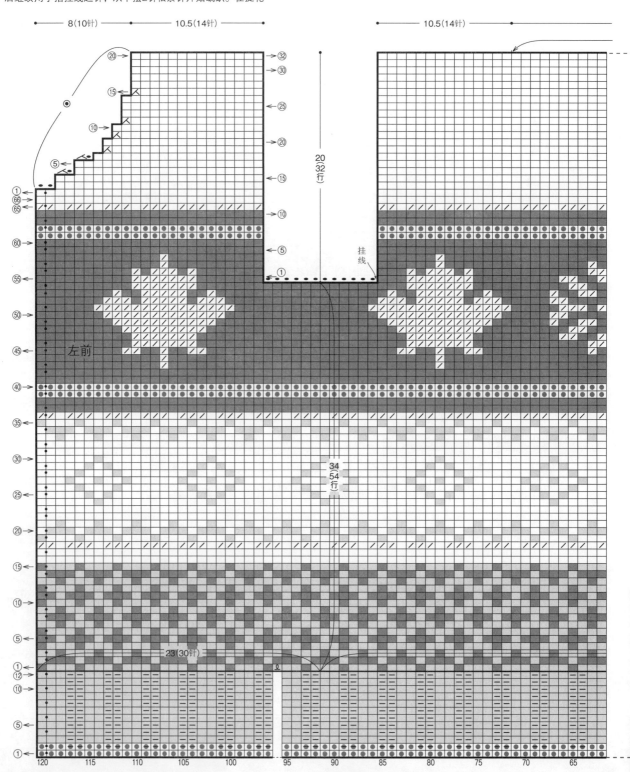

78

袖 和大身用同样要领编织，但是，袖山编织环。袖山是在2针的两侧编织挂针和下一行的扭针加针，大身缝合位置往复编织。

拼接 从后领开口挑针，用起伏针编织后领。在两端的1针内侧编织挂针和下一行的扭针的加针，编织结尾收针编织。反面成为正面。前领是看着后领的正面挑针，缝合侧是立起端边1针减针编织，外侧是在指定针数的内侧减针。在前端编织1行细编，肩部是里面相对对折，看着前身引拔针接合。领窿和前领的相同记号处引拔针缝合。在前端缝合开口拉链。袖用针和行的接合方法缝合。

配色
☑ =橙色
□ =淡灰色
■ =茶色
▨ =本白
◉ =深茶色

□ = □

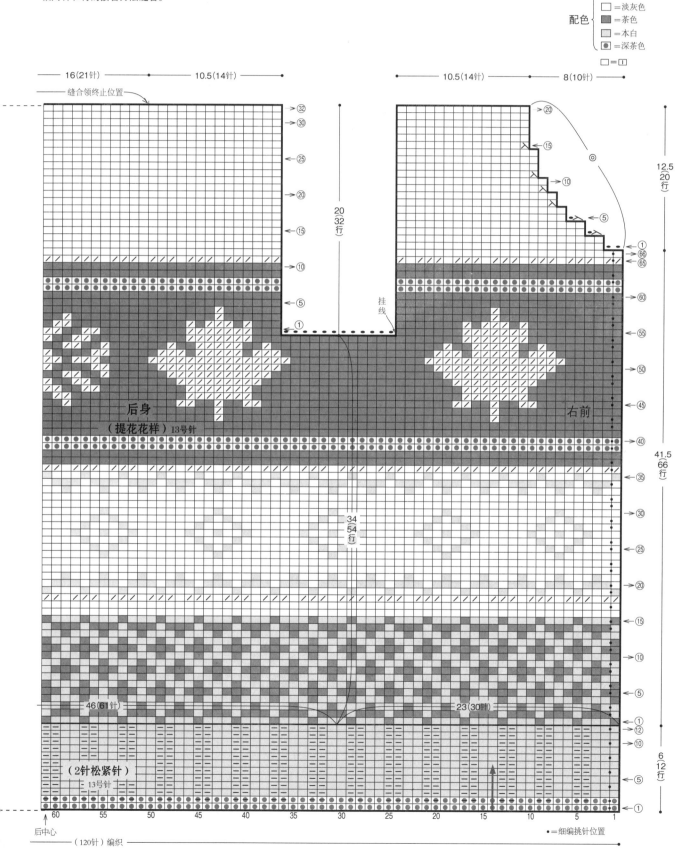

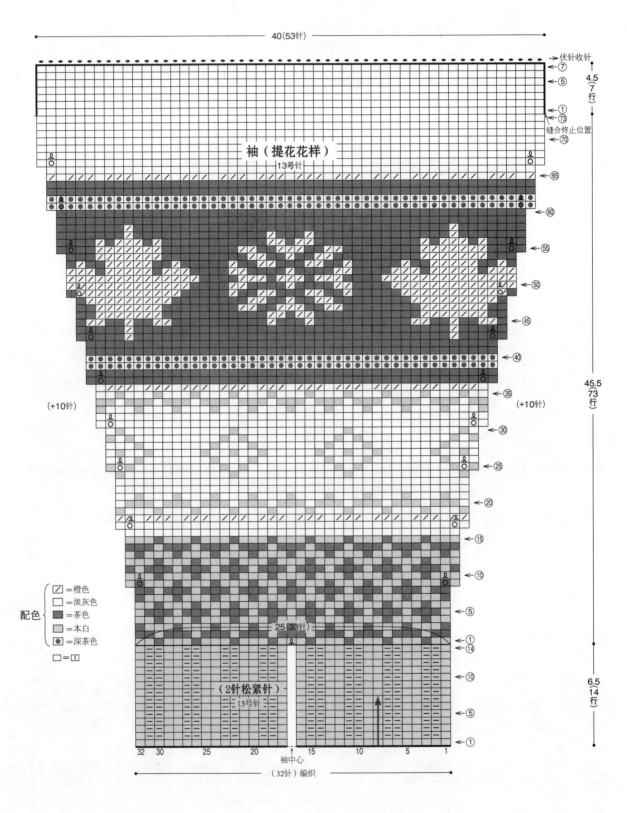

40（53针）

→伏针收针
←⑦
←⑤
←①
←⑦3
缝合终止位置
←⑦0
袖（提花花样）
13号针
←65
←60
←55
←50
←45
←40
←35
（+10针）
←30
（+10针）
←25
←20
←15
←10

配色 { ☑=橙色
□=淡灰色
■=茶色
□=本白
◉=深茶色 }

□=□

25（33针）
←①
←⑭
←⑩
（2针松紧针）
13号针
←⑤
←①

32 30 25 20 15 10 5 1
袖中心
（32针）编织

4.5（7行）

45.5（73行）

6.5（14行）

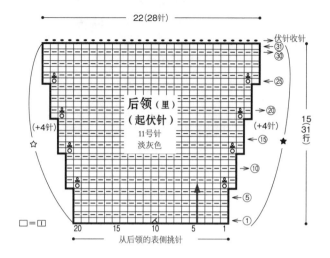

22(28针)

伏针收针

后领（里）
（起伏针）

11号针
淡灰色

(+4针)

(+4针)

☆

★

15
31
行

□=Ⅱ

从后领的表侧挑针

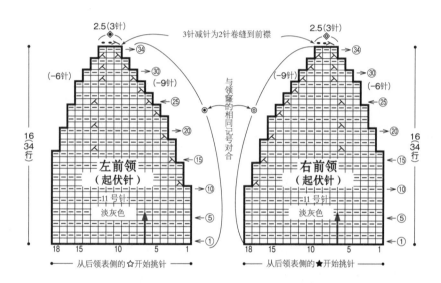

2.5(3针)

2.5(3针)

3针减针为2针卷缝到前襟

(-6针)

(-9针)

(-9针)

(-6针)

与领窿的相同记号对合

左前领
（起伏针）

右前领
（起伏针）

11号针
淡灰色

11号针
淡灰色

16
34
行

16
34
行

从后领表侧的☆开始挑针

从后领表侧的★开始挑针

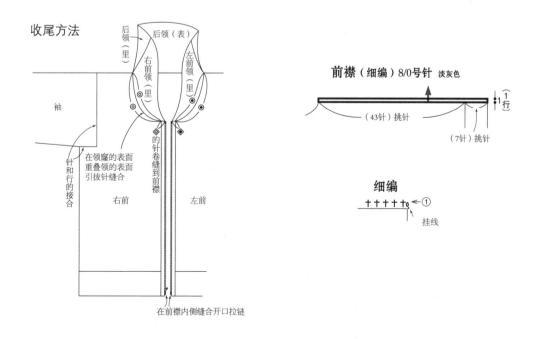

收尾方法

后领（表）

后领（里）

右前领（里）

左前领（里）

袖

针和行的接合

在领窿的表面重叠领的表面引拔针缝合

的针卷缝到前襟

右前

左前

在前襟内侧缝合开口拉链

前襟（细编）8/0号针 淡灰色

（43针）挑针

（7针）挑针

1行

细编

挂线

#10 男士-M 女士-L 作品见 P.13

●**材料**
加拿大风格3S 浅灰色（2）390g/4团，茶色（3）190g/2团，本白色（1）150g/2团，蓝色（8）100g/1团，藏青色（15）30g/1团。49cm的开口拉链1根。※M尺码的使用量。L尺码的开口拉链是50.5cm。

●**工具**
棒针13号，11号。钩针8/0号。

●**成品尺码**
M尺码 胸围104cm，肩宽40cm，衣长64cm，袖长59cm。
L尺码 胸围110cm，肩宽44cm，衣长66.5cm，袖长60cm。

●**密度**
10cm见方提花花样13针，16行。

●**编织方法** M，L尺码的编织方法是相同要领。
大身 前、后继续用手指挂线起针，从下摆2针松紧针开始编织。在提花

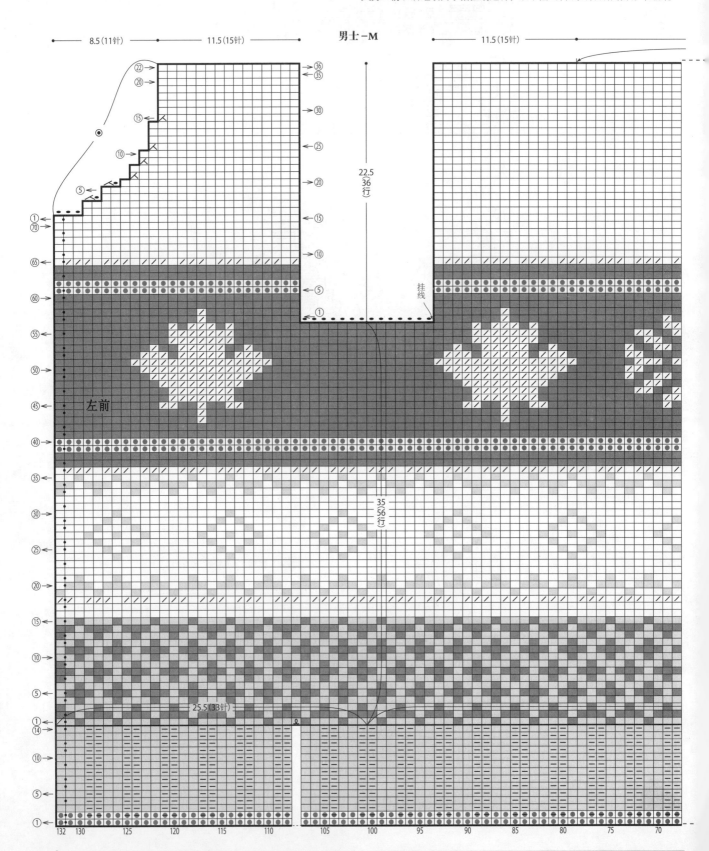

男士-M

花样的第1行，引上前行的渡线扭转编织1针加针。编织花样是用编织包裹渡线的方法编织。编织到肋缝时，停止编织后身和左前身，编织右前身。袖隆是用伏针和立起端边1针的减针编织。肩部的针休针。在右袖隆挂线编织14针的伏针，编织后面。编织方法说明在84页继续。编织结尾是在缝合领止口做记号后休针。在左袖隆挂线编织14针伏针，左前身用与右前身相同的要领对称编织。

编织方法说明在84页继续。

配色
☑=蓝色
□=淡灰色
■=茶色
▨=本白
◉=藏青色

□=□□

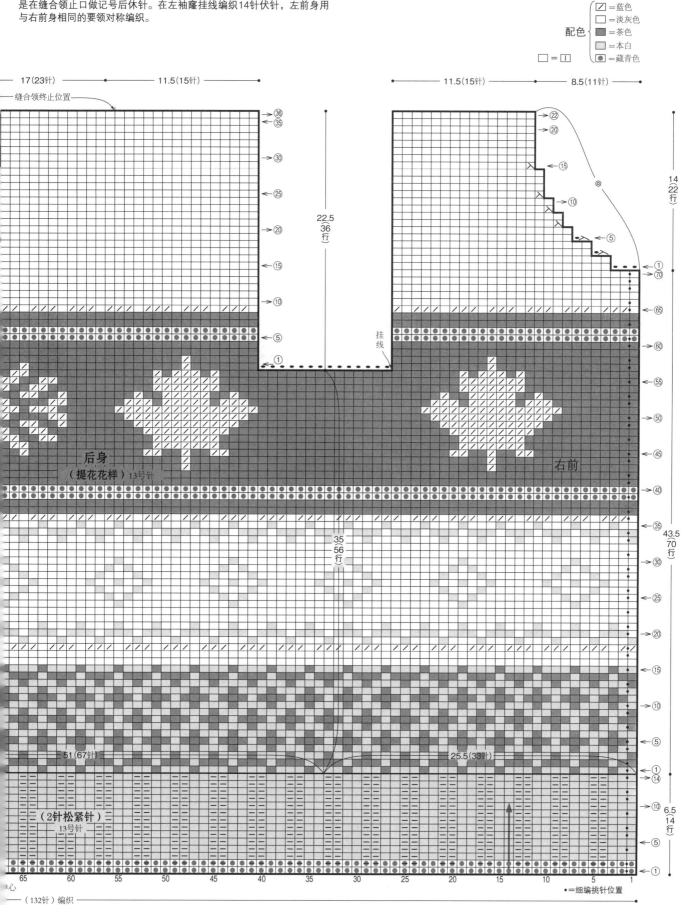

后身
（提花花样）13号针

右前

（2针松紧针）
13号针

缝合领终止位置

挂线

细编挑针位置

（132针）编织

83

袖　和大身用同样要领编织，但是，袖山编织环。袖山是在2针内侧编织挂针和下一行的扭针加针，大身缝合位置反复编织。编织结尾收针编织。
拼接　从后领开口挑针，用起伏针编织后领。
在两端的1针内侧编织挂针和下一行的扭针的加针，编织结尾伏针收针。

反面成为正面。前领是看着后领的正面挑针，缝合侧是立起端边1针减针编织，外侧是在指定针数的内侧减针编织。在前端编织1行细编。肩部是里面相对对折，看着前身引拔针接合。领窿和前领的相同记号处用引拔针缝合，在前端缝合开口拉链。袖是用针与行的接合方法缝合。

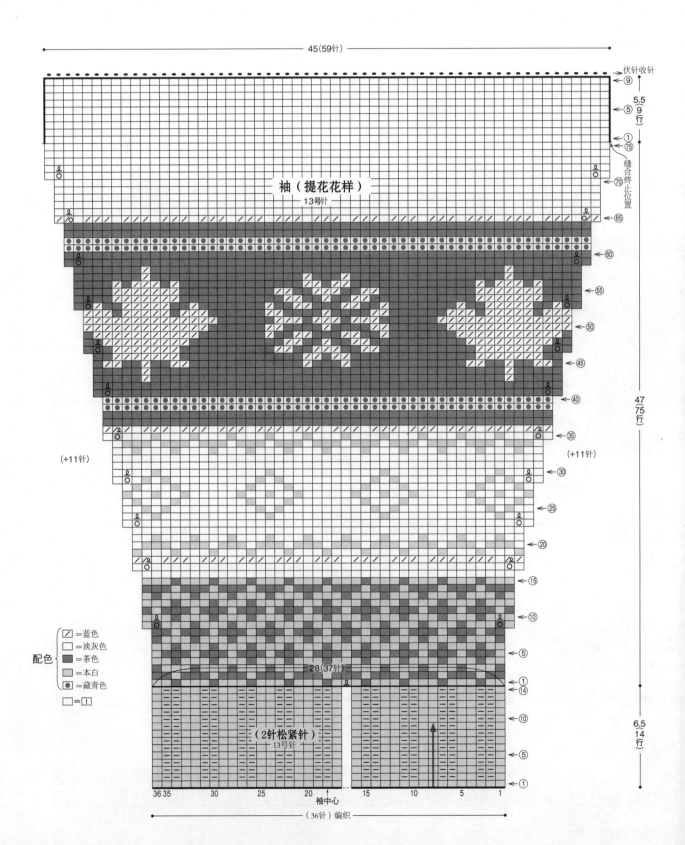

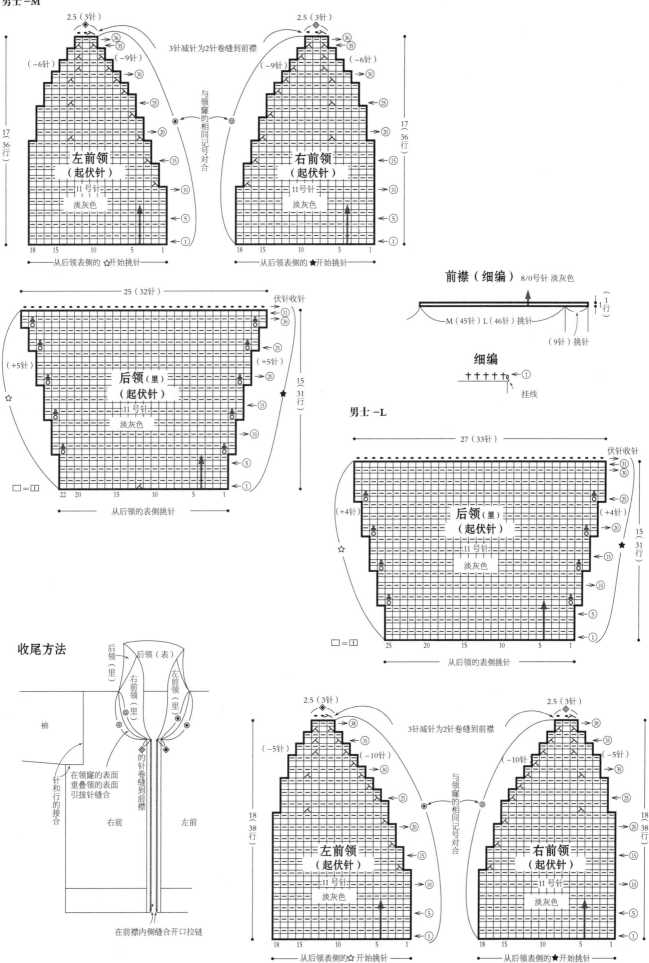

※领、前襟、收尾方法在85页继续。

配色

= 蓝色
= 淡灰色
= 茶色
= 本白
= 藏青色

□ = ⊡

48（63针）

伏针收针

5.5（9行）

袖（提花花样）
13号针

缝合终止处

（+11针）

48（77行）

31（41针）

（2针松紧针）
13号针

6.5（14行）

25　20　15　10　5　1

袖中心

30（40针）编织

12.5（16针）　　　19（25针）

缝合领终止位置

90　85　80　75　70　65

后中心

※在提花花样的第1行108针加1针

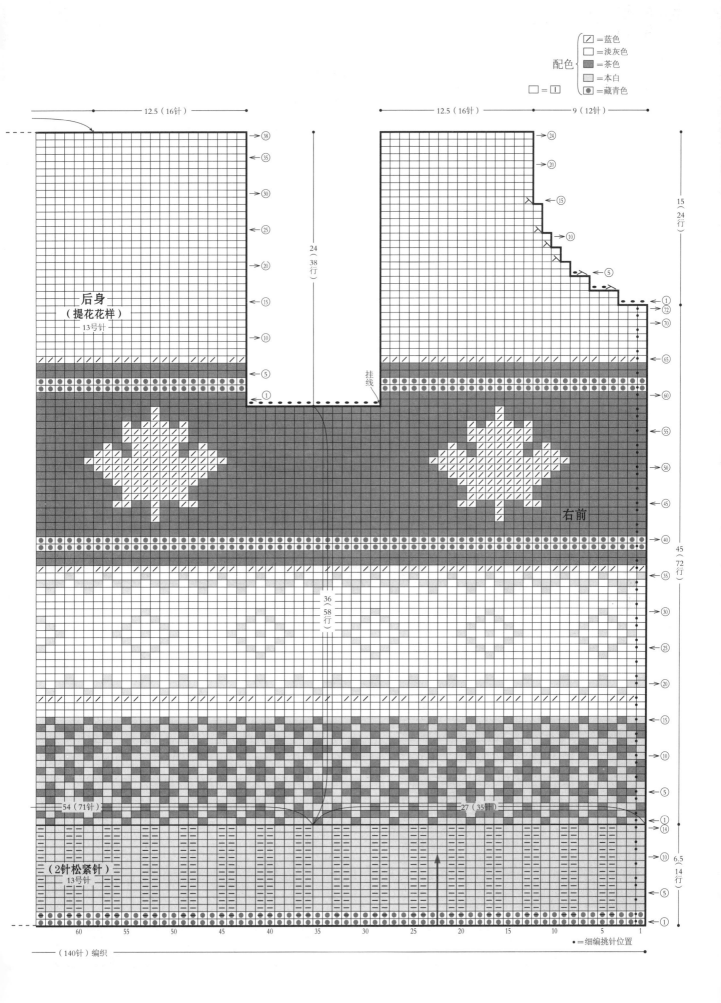

配色 ⎰ ☑=蓝色
　　　□=淡灰色
　　　■=茶色
　　　▨=本白
　□=□ ・=藏青色

12.5（16针）　　　12.5（16针）　9（12针）

15（24行）

→38
→35
→30
→25
→20
→15
→10
→5
→1

→24
→20
←15
←10
←5
←1
→72
→70
←65
←60

24（38行）

后身
（提花花样）
13号针

挂线

右前

45（72行）

36（58行）

54（71针）

27（35针）

6.5（14行）

←14
←10
←5
←1

（2针松紧针）
13号针

60　55　50　45　40　35　30　25　20　15　10　5　1

・=细编挑针位置

（140针）编织

87

#13 男士-M 作品见 P.16

●**材料**
加拿大风格3S 黑灰色（5）480g/5团，淡灰色（2）130g/2团，
本白色（1）120g/2团，绿色（6）50g/1团。58.5cm的开口拉链1根。
※M尺码的使用量。L尺码的开口拉链是62cm。
■**工具** 棒针13号，11号。钩针10/0号。
●**成品尺码**
M尺码 胸围103cm，衣长64.5cm。总袖长88cm。

L尺码 胸围107cm，衣长68cm，总袖长92cm。
●**密度**
10cm见方提花花样13针，16行。
●**编织方法** M，L尺码的编织方法是相同要领。
加粗 前、后继续用手指挂线起针，从下摆1针松紧针开始编织。
提花花样是用编织包裹渡线的方法编织。编织到肋缝时，停止编织后身

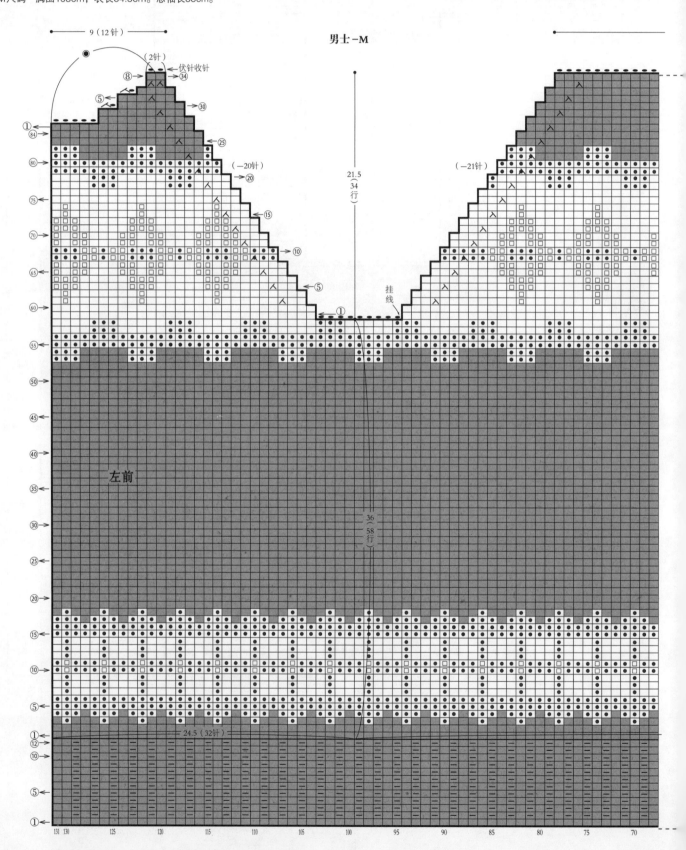

男士-M

左前

和左前身，编织右前身。插肩线在端边2针内侧减针，领隆是编织伏针和端边立起1针的减针。在右肋挂线编织9针伏针，编织后面。编织结尾是伏针收针编织。在左肋挂线编织9针伏针，左前和右前用相同要领对称编织。

袖 与大身用相同要领编织。袖山是在端边1针内侧编织挂针和下一行的扭针加针，编织结尾伏针收针。拼接方法与95页的女士–M相同。

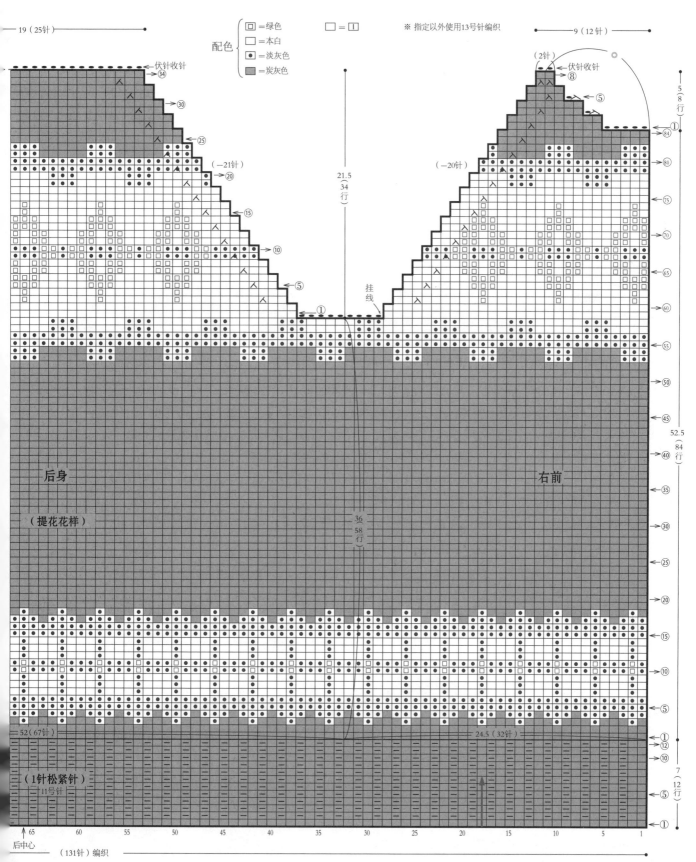

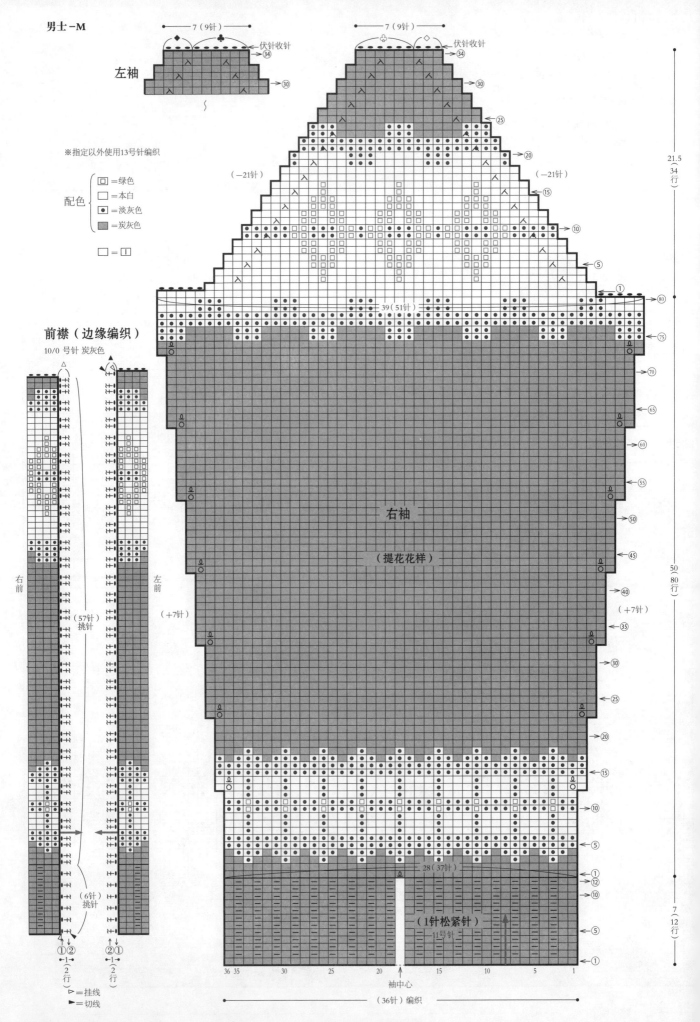

男士－M

左袖

※指定以外使用13号针编织

配色
- □=绿色
- □=本白
- ●=淡灰色
- ▨=炭灰色

□=⊡

前襟（边缘编织）

10/0 号针 炭灰色

右前

左前

▷=挂线
►=切线

右袖

（提花花样）

袖中心

（36针）编织

（1针松紧针）
11号针

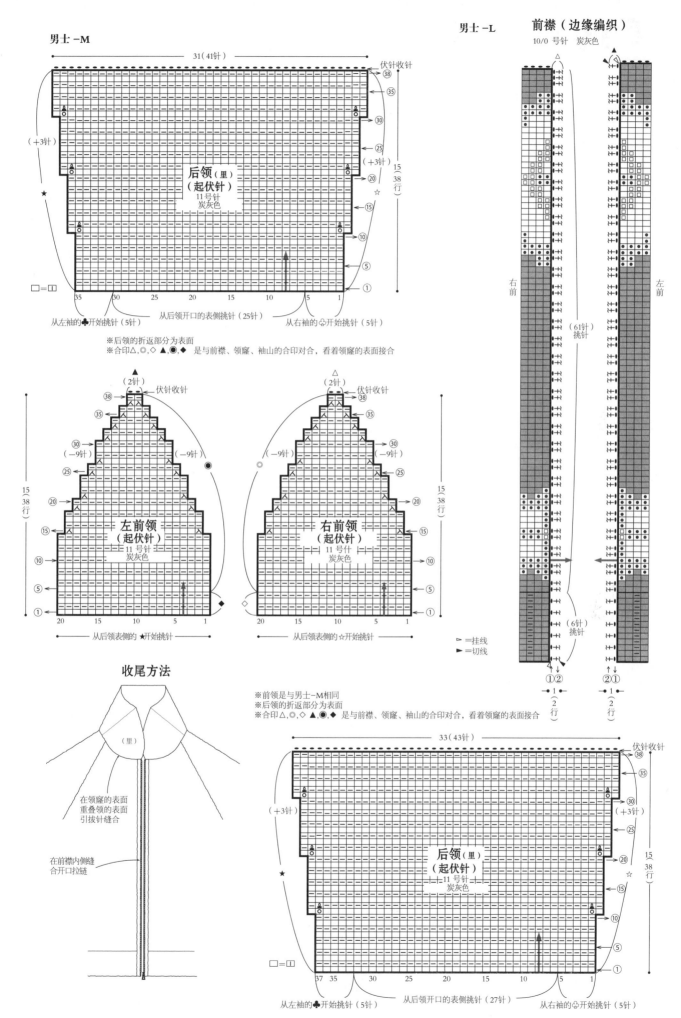

男士-M

男士-L

前襟（边缘编织）
10/0 号针　炭灰色

31（41针）

伏针收针

后领（里）
（起伏针）
11号针
炭灰色

□=□

35　30　25　20　15　10　5　1

从左袖的♣开始挑针（5针）　从后领开口的表侧挑针（25针）　从右袖的♤开始挑针（5针）

※后领的折返部分为表面
※合印△,◎,◇　▲,◉,◆　是与前襟、领窿、袖山的合印对合，看着领窿的表面接合

（2针）伏针收针

左前领
（起伏针）
11 号针
炭灰色

20　15　10　5　1

从后领表侧的★开始挑针

（2针）伏针收针

右前领
（起伏针）
11 号针
炭灰色

20　15　10　5　1

从后领表侧的☆开始挑针

▷=挂线
►=切线

右前

（61针）挑针

左前

（6针）挑针

①②　②①

←1→　←1→
（2行）（2行）

收尾方法

（里）

在领窿的表面
重叠领的表面
引拔针缝合

在前襟内侧缝
合开口拉链

※前领是与男士-M相同
※后领的折返部分为表面
※合印△,◎,◇　▲,◉,◆　是与前襟、领窿、袖山的合印对合，看着领窿的表面接合

33（43针）

伏针收针

后领（里）
（起伏针）
11号针
炭灰色

□=□

37　35　30　25　20　15　10　5　1

从左袖的♣开始挑针（5针）　从后领开口的表侧挑针（27针）　从右袖的♤开始挑针（5针）

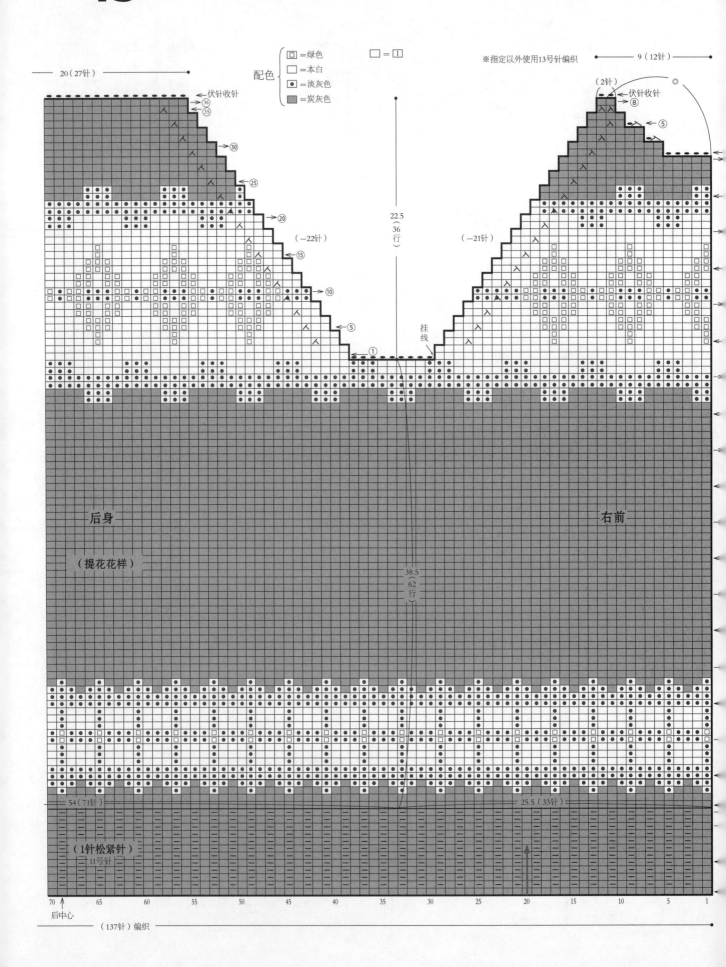

#13 男士-L 女士-LL

配色 {
□=绿色
□=本白
•=淡灰色
=炭灰色
}

□ = □

※指定以外使用13号针编织

后身

（提花花样）

右前

后中心

（1针松紧针）
11号针

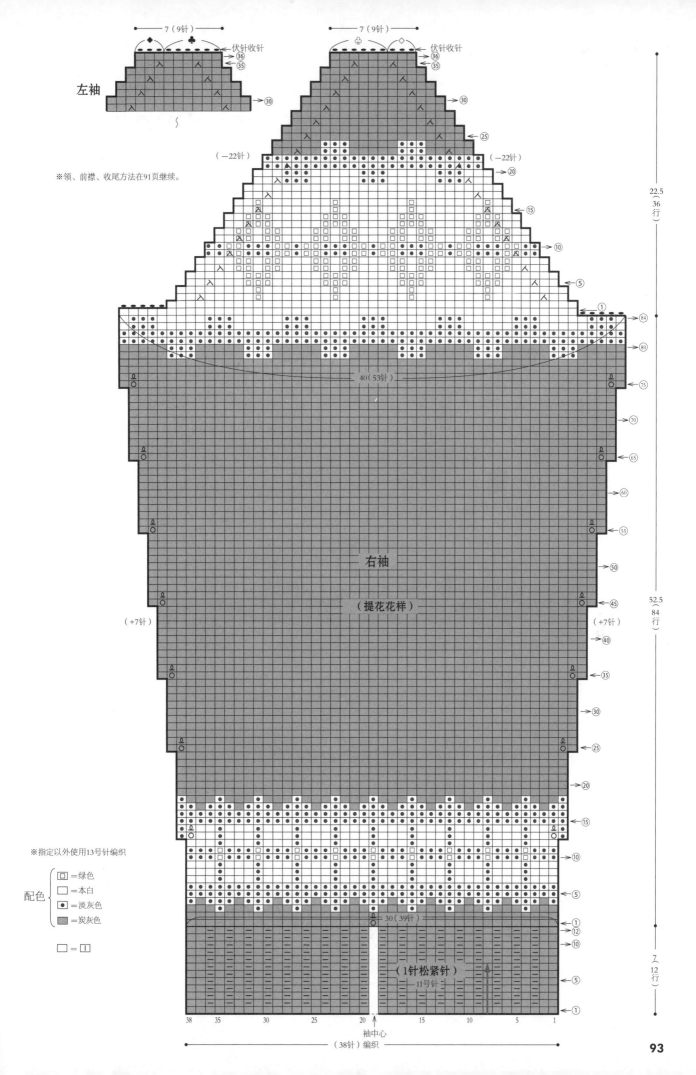

左袖

※领、前襟、收尾方法在91页继续。

7（9针）

伏针收针

36
35
30

—22针

—22针

40（53针）

右袖

（提花花样）

+7针

+7针

※指定以外使用13号针编织

配色
- □ =绿色
- □ =本白
- ● =淡灰色
- ▨ =炭灰色

□ = □

30（39针）

〈1针松紧针〉
11号针

袖中心

（38针）编织

22.5
（36行）

52.5
（84行）

〈12行〉

#14 女士-M 作品见 P.17

●材料
加拿大风格3S 深茶色（4）400g/4团，茶色（3）100g/1团，本白色（1）95g/1团，红色（13）30g/1团。51cm的开口拉链1根。

●工具
棒针13号，11号。钩针10/0号。

●成品尺码
胸围95cm，衣长57cm，总袖长70.5cm。

●密度
10cm见方提花花样13针，16行。

●编织方法

大身 前、后继续用手指挂线起针，从下摆1针松紧针开始编织。开始编织。提花花样是用编织包裹渡线的方法编织。编织到肋缝时，停止编织后身和左前身，编织右前身。插肩线在端边2针内侧减针，领窿是编织伏针和端边立起1针的减针。在右肋挂线编织9针伏针，编织后面。编织结尾是伏针收针编织。在左肋挂线编织9针伏针，左前用与右前相同要领对称编织。

袖 与大身用相同要领编织。袖山是在端边1针内侧编织挂针和下一行的扭针加针，编织结尾伏针收针编织。

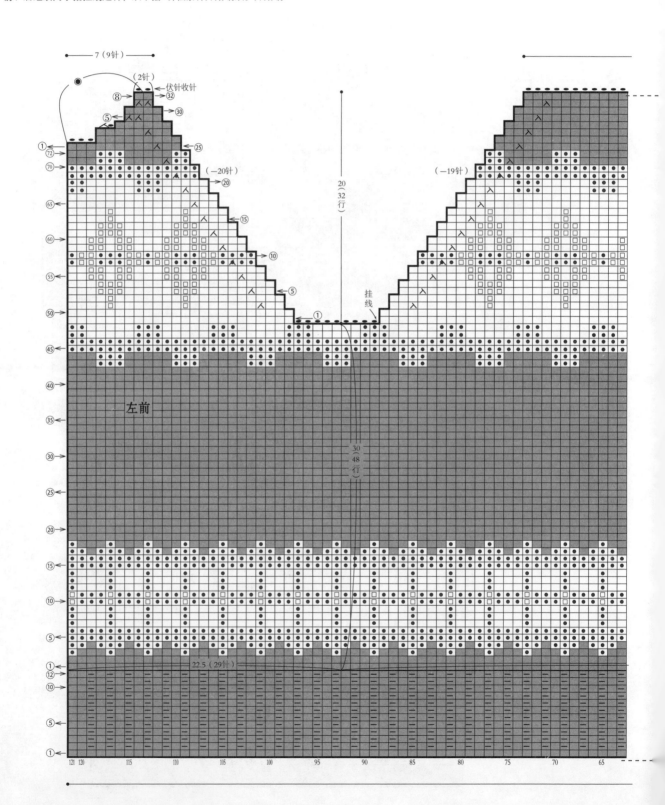

拼接 插肩线挑针缝合。从右袖山，后领开口，左袖山挑针，用起伏针编织后领。在两端的1针内侧编织挂针和下一行的扭针的加针，编织结尾伏针收针编织。反面成为正面。前领是看着后领的正面挑针，立起端边1针减针编织。在前端编织引拔针和退细编，前领窿，袖山和前领的相同记号处引拔针接合。袖山是挑针缝合，插肩线的固定针部分用罗纹针接合。在前端缝合开口拉链。

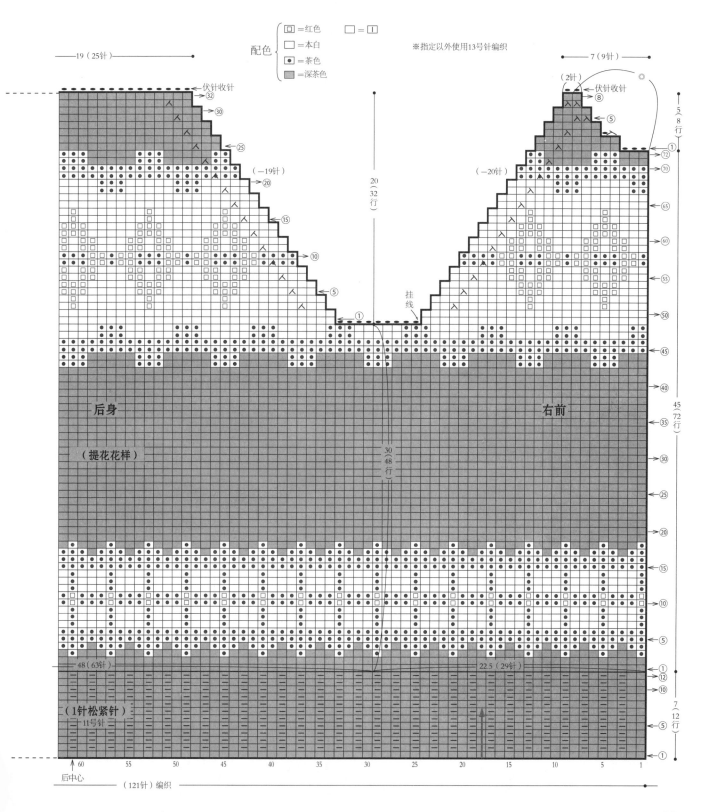

配色
□ =红色
□ =本白
• =茶色
▨ =深茶色

□ = □

※指定以外使用13号针编织

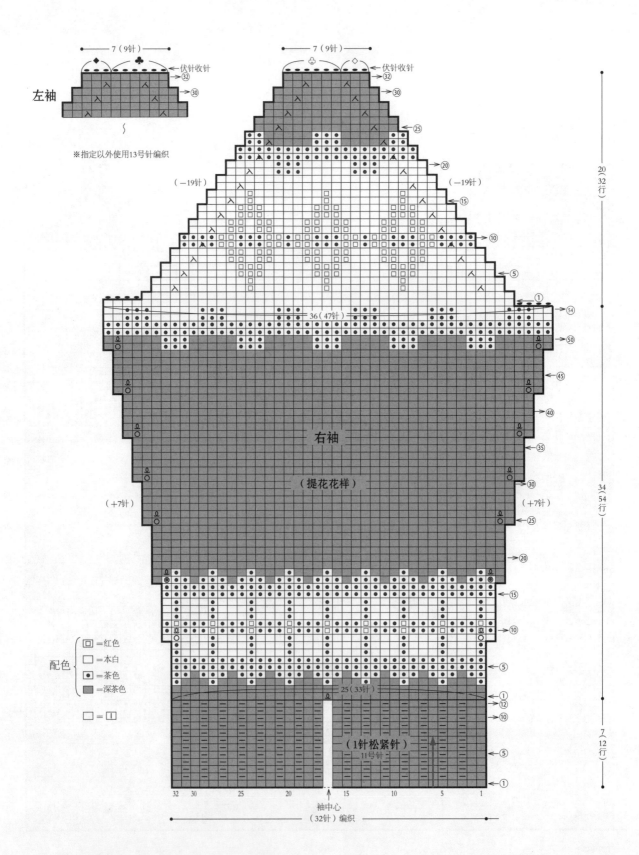

左袖

※指定以外使用13号针编织

7（9针）
伏针收针
（32）
（30）

7（9针）
伏针收针
（32）
（30）

（−19针）
（−19针）

（25）
（20）
（15）
（10）
（5）
（1）
（54）

36（47针）
（50）
（45）
（40）

右袖

（提花花样）

（35）
（30）
（25）
（20）

（+7针）
（+7针）

（15）
（10）
（5）

25（33针）
（1）
（12）
（10）

（1针松紧针）
11号针

（5）
（1）

配色
□ ＝红色
□ ＝本白
⊡ ＝茶色
▨ ＝深茶色

□ ＝□

32 30   25   20   15   10   5   1

袖中心
（32针）编织

20
（32
行）

34
（54
行）

7
（12
行）

96

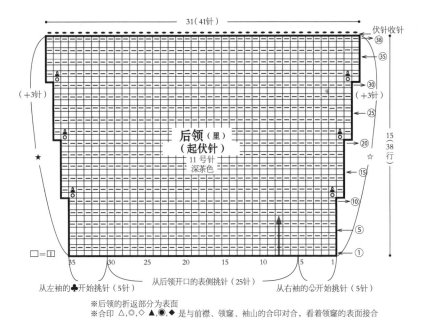

31（41针）

伏针收针

后领（里）
（起伏针）
11号针
深茶色

（+3针）

（+3针）

15
38
行

□=⊡

从左袖的♣开始挑针（5针）　　从后领开口的表侧挑针（25针）　　从右袖的♧开始挑针（5针）

※后领的折返部分为表面
※合印 △,◎,◇ ▲,◉,◆ 是与前襟、领窝、袖山的合印对合，看着领窝的表面接合

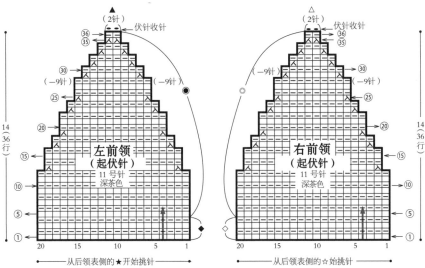

（2针）　伏针收针

（2针）　伏针收针

（−9针）

（−9针）

（−9针）

（−9针）

左前领
（起伏针）
11号针
深茶色

右前领
（起伏针）
11号针
深茶色

14
36
行

14
36
行

从后领表侧的★开始挑针　　　　从后领表侧的☆始挑针

收尾方法

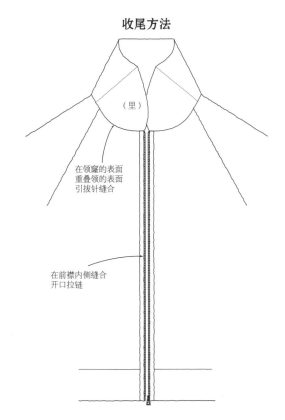

（里）

在领窝的表面
重叠领的表面
引拔针缝合

在前襟内侧缝合
开口拉链

前襟（边缘编织）10/0号针 深茶色

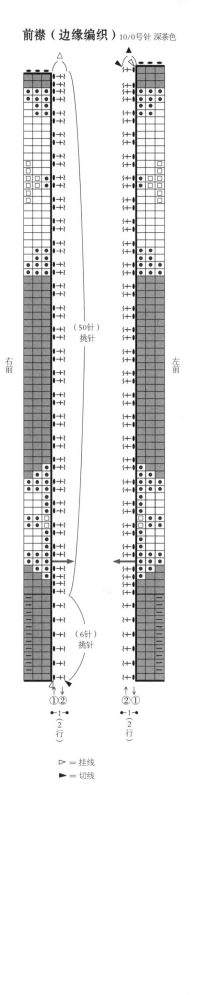

右前

左前

（50针）
挑针

（6针）
挑针

①②

②①

←1→
（2行）

←1→
（2行）

▷ = 挂线
► = 切线

#15,17 男士和女士 作品见 P.18,19

●材料
加拿大风格3S　15　浅灰色（2）50g/1团，蓝色（8）35g/1团，
茶色（3）25g/1团，本白色（1）20g/1团，藏青（15）15g/1团。
17　浅灰色（2）50g/1团，橙色（11）35g/1团，茶色（3）25g/
1团，本白色（1）20g/1团，深茶色（4）15g/1团。
●工具
棒针13号。
●成品尺码
头围50cm，深30cm。

●密度
10cm见方提花花样13针，16行。
●编织方法
用手指挂线起针，用2针松紧针编织圈。编入花样是用编织包裹渡线的方
法编织。顶端参照图减针后编织，编织结尾把线穿过剩下的针。制作冒
顶装饰球后，缝合到帽子顶端。

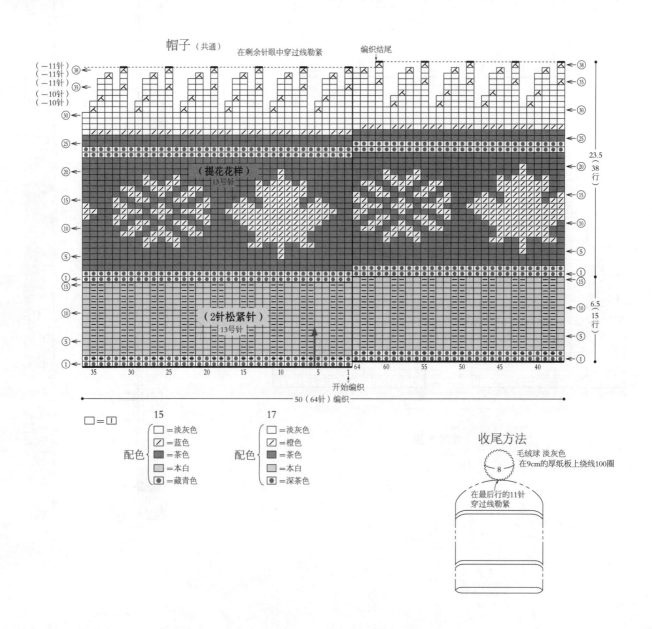

帽子（共通）

（提花花样）13号针

（2针松紧针）13号针

配色　15　□=淡灰色　☑=蓝色　■=茶色　░=本白　⊙=藏青色

配色　17　□=淡灰色　☑=橙色　■=茶色　░=本白　⊙=深茶色

□=⊥

收尾方法
毛绒球 淡灰色
在9cm的厚纸板上绕线100圈
在最后行的11针
穿过线勒紧

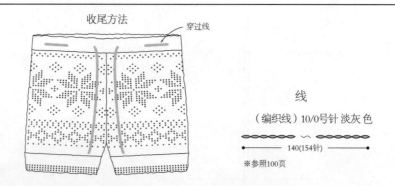

收尾方法

穿过线

线
（编织线）10/0号针 淡灰色
140（154针）
※参照100页

#24 女士—M 作品见 P.26

●材料
加拿大风格3S　浅灰色（2）220g/3团，碳灰色（5）100g/1团。

●工具
棒针13号，11号。钩针10/0号。

●成品尺码
衣长38cm。

●密度
10cm见方提花花样13针，16行。

●编织方法

短裤　用手指挂线起针，从下摆1针松紧针开始编织。提花花样是用编织包裹渡线的方法编织。下裆是在端边1针内侧编织挂针和下一行的扭针的加针，上裆是编织伏针和立起端边1针的减针。腰围是用稍松的伏针编织。左裤腿与右侧对称编织。

拼接　把上裆、下裆用挑针缝合和罗纹针接合缝合，腰带从左右的腰部开始，跳过缝份挑针（从后中心开始挑针），圈状编织松紧针。编织结尾伏针收针编织。绳用罗纹针编织，穿过腰部的孔。

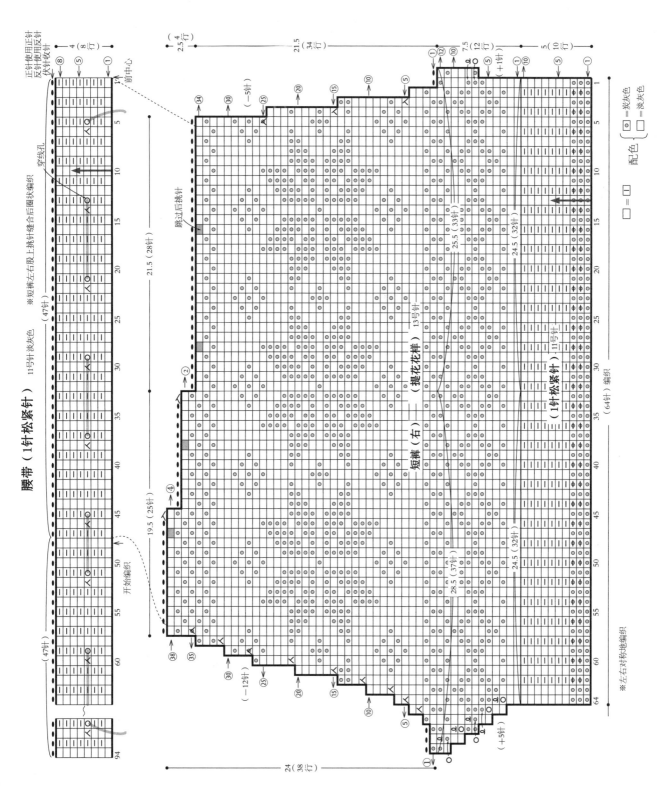

99

#16 男士　作品见　P.18

●**材料**
加拿大风格3S　藏青（15）30 g / 1团，蓝色（8）20 g / 1团。

●**工具**
棒针13号，11号。

●**成品尺码**
头围55cm，深10.5cm。

●**密度**
10cm见方提花花样13针，16行。

●**编织方法**
用手指挂线起针，用1针开始编织圈。提花
花样是用编织包裹渡线的方法编织。编织结尾伏针收针编织。

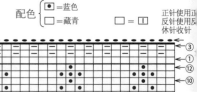

配色 { ●=蓝色　□=藏青 }　□=⊡　正针使用正反针使用反休针收针

（1针松紧针）11号针

（提花花样）13号针

成圈状编织

55

（1针松紧针）11号针

72　70　65　60　55　50　45　40　35　30　25　20　15　10　5　1

③①⑫⑩⑤①③①

开始编织

———（72针）编织———

⁓十　退细编

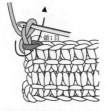
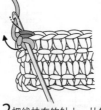

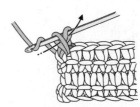

1 编织起针的锁针1针，一边转动钩针一边如箭头指示把钩针插入前行的头上2根。

2 把线挂在钩针上，从钩针上挂着2根引拔线。

3 引出线的情形。

4 把线挂在钩针上，引拔钩针的两线圈。

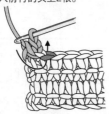
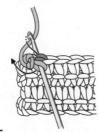
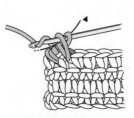

5 完成。第2针也是一边转动钩针一边按照箭头指示把钩针插入前行的头上的2根。

6 把线挂在钩针上引出。

7 把线挂在钩针上，引拔钩针的2线圈。

8 第2针完成。把5～7重复编织。

罗纹主线

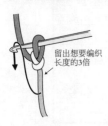
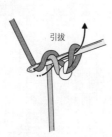

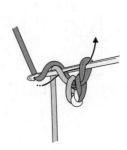

1 线头是留出想要编织长度的3倍，把线头从内侧向外侧挂在钩针上。

2 把线挂在钩针上，从挂在针上的2根引拔线。

3 下一针也是把线头从内侧向手外侧挂在钩针上。

4 把线挂在钩针上，从挂在针上的2根引拔线。

5 把3、4重复编织。

#27 女士 作品见 P.29

●材料
加拿大风格3S　A　藏青（15）100 g／1团，本白色（1）25 g／1团，紫（14）15 g／1团。　B　黑灰色（5）60 g／1团，红色（13）25 g／1团，本白色（1）15 g／1团。共通　室内穿毛毡底（H204-594）1组。

●工具
棒针13号。钩针8/0号。

●成品尺码
A　深19cm，底衣长23.5cm。B　深5 cm，底衣长23.5cm。

●密度
10cm见方提花花样13针，16行。

●编织方法
甲　用手指挂线起针开始编织。提花花样是编织包裹渡线的方法编织。足尖的圆度是用立起端边1针的减针和伏针编织，编织结尾伏针收针。
侧面　用手指挂线起针足尖部分是从甲开始挑针，用起伏针开始编织。编织结尾伏针收针。
拼接　A　腿的部分是从开口开始平均挑针，用2针松紧针编织圈。脚脖部分是立起针编织减针，编织结尾是伏针收针。
B　穿入口是用边缘编织调整2行。
共通　从侧面缝合到毛毡底。

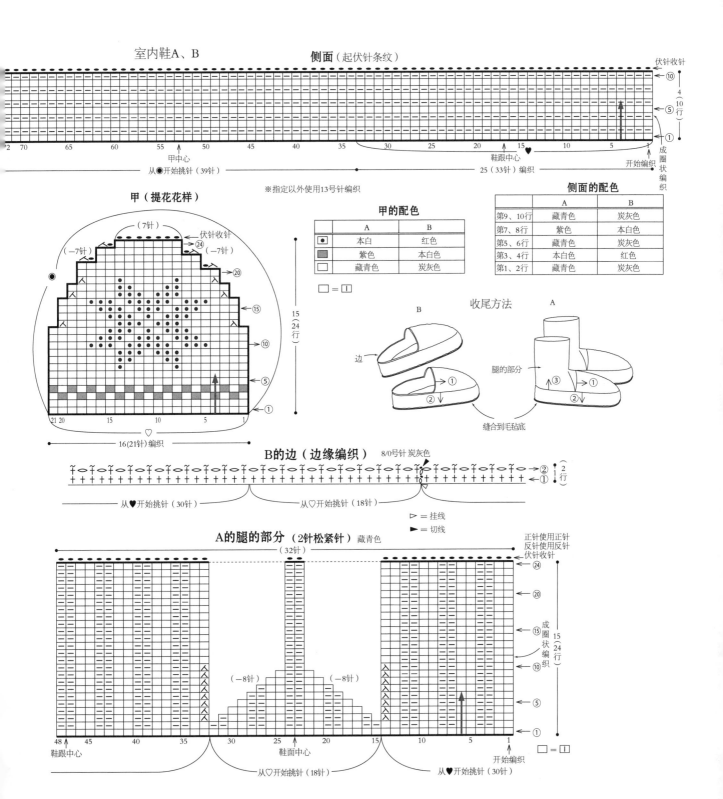

室内鞋A、B　　　侧面（起伏针条纹）

※指定以外使用13号针编织

甲（提花花样）

伏针收针

15（24行）

16（21针）编织

甲的配色

	A	B
●	本白	红色
▓	紫色	本白色
□	藏青色	炭灰色

□ = ⊥

侧面的配色

	A	B
第9、10行	藏青色	炭灰色
第7、8行	紫色	本白色
第5、6行	藏青色	炭灰色
第3、4行	本白色	红色
第1、2行	藏青色	炭灰色

收尾方法

边
腿的部分
缝合到毛毡底

B的边（边缘编织）　8/0号针炭灰色

从♥开始挑针（30针）　从♡开始挑针（18针）

▷ ＝挂线
► ＝切线

A的腿的部分（2针松紧针）藏青色

（32针）

正针使用正针
反针使用反针
伏针收针

15（24行）

鞋跟中心　鞋面中心　开始编织

从♡开始挑针（18针）　从♥开始挑针（30针）

□ = ⊥

101

#19 女士 作品见 P.19

●**材料**
加拿大风格3S 深茶色（4）100g/1团，茶色（3）30g/1团，本白色（1）15g/1团，红色（13）10g/1团。5×1.5cm的角型纽扣1个，3.8cm宽的D型环2个。

●**工具**
棒针13号。钩针8/0号。

●**成品尺码**
宽24.5cm，深22cm。

●**密度**
10cm见方提花花样13针，16行。

●**编织方法**
侧面 用手指挂线起针开始编织圈。提花花样是用编织包裹渡线的方法编织。编织结尾伏针收针，用退细编和锁编调整。
盖 与侧面用相同方法起针后，用起伏针编织。立起端边1针减针编织。编织结尾是伏针收针，挂线后编织上纽扣绳圈。
拼接 底、提手、连接D型环的包带用钩针编织。底、提手是挑起锁编的里山编织，对面侧是挑起剩下的锁半针编织。把侧面和底正面向外对合，看着侧面用细编接合。在侧正面重叠盖子的反面，用引拔针接合。参照收尾方法图进行收尾。

包
侧面

（边缘编织）8/0号针

（提花花样）13号针

伏针收针
34
30
25
成圈状编织
20
15
10
5
1

21.（34行）

64 60 55 50 45 40 35 30 25 20 15 10 5 1

49（64针）编织

□=□

配色 { □=红色　□=本白　⊡=茶色　■=深茶色 }

※指定以外使用13号针编织

▷= 切线
▶= 挂线

提手（边缘编织条纹）8/0号针

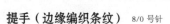

100（120针）编织

③深茶色
②茶色
①红色
①深茶色

2.5（3行）
0.5（1行）

固定D环的皮带
（细编）8/0号针2片

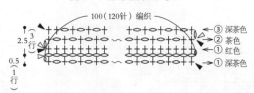

③
①

2.5（3行）

4（5针）编织

扣眼（5针）8/0号针
（7针）
伏针收针
34

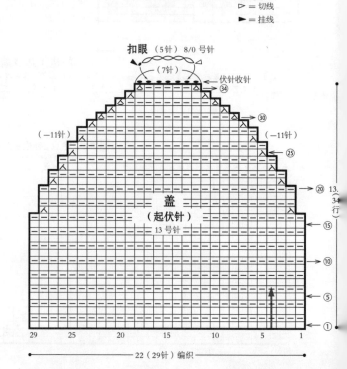

盖
（起伏针）
13号针

（−11针）
（−11针）

30
25
20
15
10
5
1

13.（34行）

29 25 20 15 10 5 1

22（29针）编织

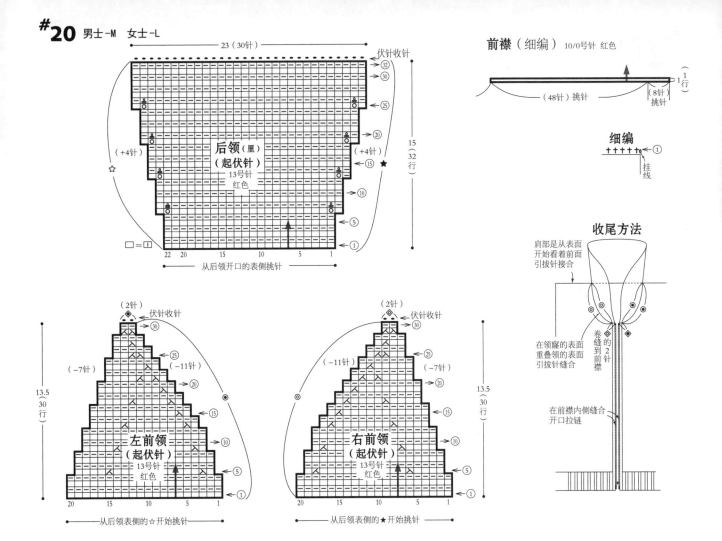

前襟（细编）10/0号针 红色

（48针）挑针　（8针）挑针　1行

细编

挂线

收尾方法

肩部是从表面开始看着前面引拔针接合

在领窝的表面重叠领的表面引拔针缝合

卷缝的2针到前襟

在前襟内侧缝合开口拉链

23（30针）

伏针收针

后领（里）（起伏针）
13号针
红色

15（32行）

从后领开口的表侧挑针

□=▯

（2针）伏针收针

左前领（起伏针）
13号针
红色

13.5（30行）

从后领表侧的☆开始挑针

（2针）伏针收针

右前领（起伏针）
13号针
红色

13.5（30行）

从后领表侧的★开始挑针

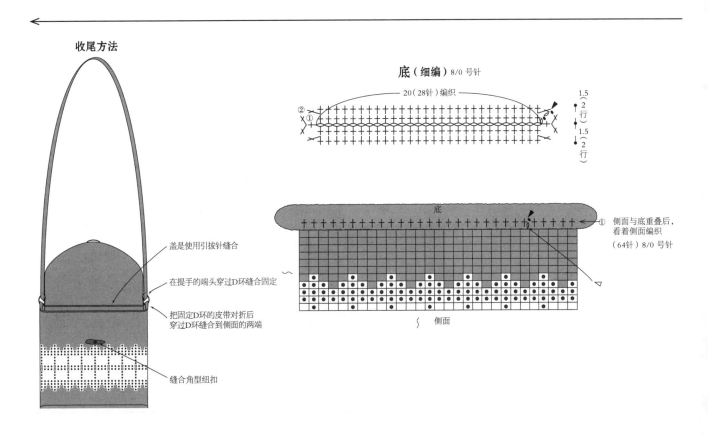

收尾方法

盖是使用引拔针缝合

在提手的端头穿过D环缝合固定

把固定D环的皮带对折后穿过D环缝合到侧面的两端

缝合角型纽扣

底（细编）8/0 号针

20（28针）编织

1.5（2行）
1.5（2行）

底

侧面与底重叠后，看着侧面编织
（64针）8/0 号针

侧面

#20 男士-M 女士-L 作品见 P.20

●材料
加拿大风格3S 蓝色（8）190g/2团，红色（13）150g/2团，浅灰色
（2）100g/1团，本白色（1）50g/1团，水色（9），黄（10）各20
g/1团。48.5cm的开口拉链1根。

●工具
棒针13号，11号。钩针10/0号。

●成品尺码
胸围105cm，肩宽40cm，衣长63.5cm。

●密度
10cm见方提花花样13针，16行。

●编织方法
大身 前、后继续用手指挂线起针，从下摆的2针松紧针开始编织。在前
端的指定位置减针编织。提花花样是用编织包裹渡线的方法编织。编织
到肋缝时，停止编织后面和左前身，编织右前身。袖窿是在4针的起伏针
的内侧减针，袖窿是用伏针和立起端边1针的减针编织。肩部的针休针。
在右袖窿挂线编织4针伏针，编织后面。编织结尾是在缝合领子止口做记
号后休针。在左袖窿挂线编织4针伏针，左前身用与右前身相同的要领对
称编织。
拼接 从后领开口挑针，用起伏针编织后领。两端是在端边1针内侧编织

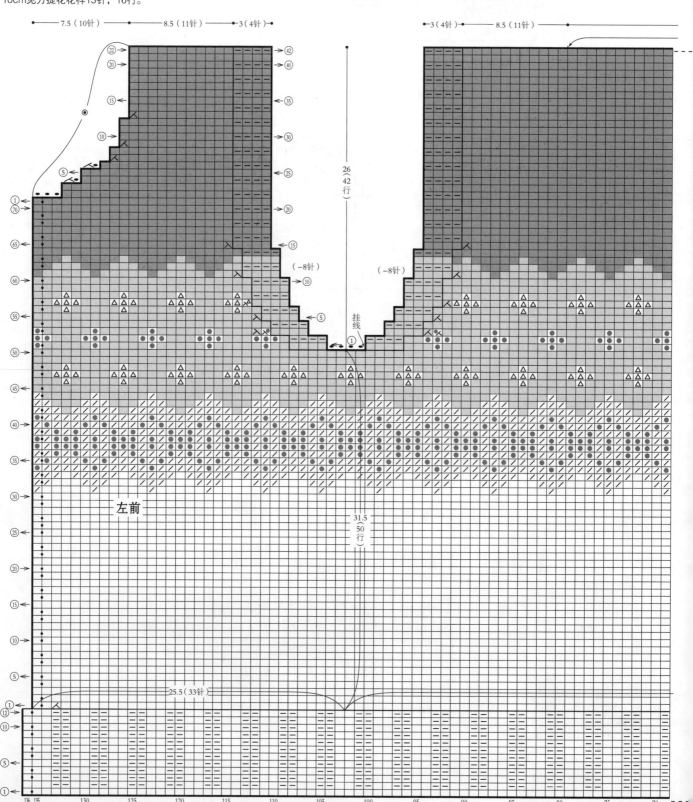

104

挂针和下一行的扭针的加针，编织结尾伏针。
收针。反面成为正面。前领是看着后领的正面挑针，缝合侧立起端边2针减针编织，外侧是在指定针数的内侧减针编织。在前端编织1行细编，肩部是里面相对对折，看着前身引拔针接合。前领隆和前领的相同记号处用引拔针接合。在前端缝合开口拉链。

※领、前襟、收尾方法
在103页继续。

配色
■=红色
△=黄色
■=淡灰色
◉=水色
╱=本白
□=蓝色

□=①

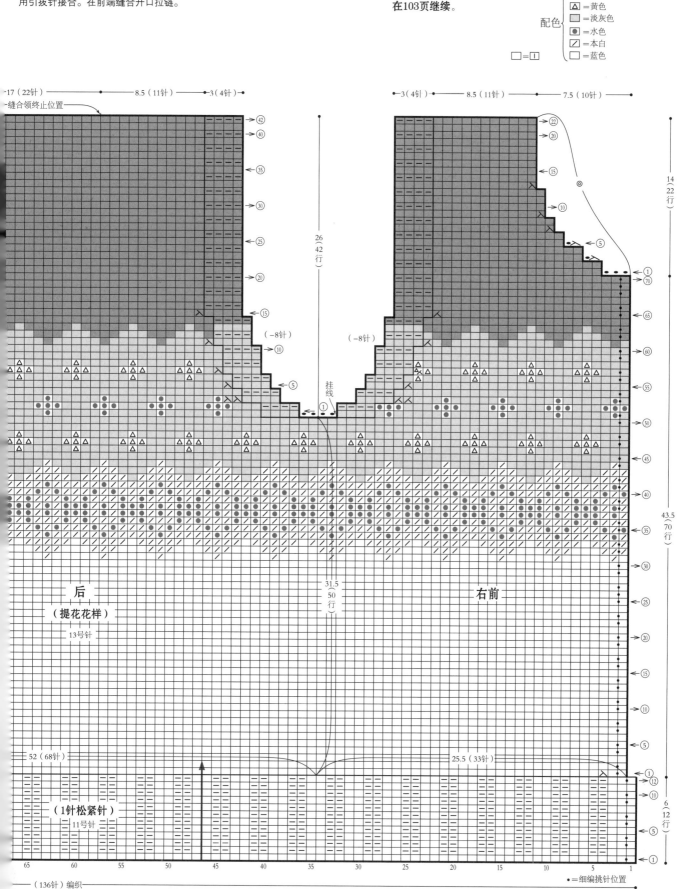

后
（提花花样）
13号针

（1针松紧针）
11号针

右前

#21 男士 -M 女士 -L 作品见 P.21

●材料
加拿大风格3S 水色（9）290g/3团，本白色（1）190g/2团，茶色（3）175g/2团，黄（10）100g/1团，深茶色（4）40g/1团。54.5cm的开口拉链1根。

●工具
棒针13号，11号。钩针10/0号。

●成品尺码
胸围102cm，肩宽38cm，衣长65cm，袖长58.5cm。

●密度
10cm见方提花花样13针，16行。

●编织方法
大身 前、后继续用手指挂线起针，从下摆2针松紧针开始编织。在提花花样的第1行的指定位置减针。提花花样是用编织包裹渡线的方法编织。编织到肋缝时，停止编织后身和左前身，编织右前身。领窿是用伏针和立起端1针的减针编织。肩部的针休针。在右袖窿挂线编织16针伏针，编织后面。编织结尾是在帽子缝合止口做记号休针。a在左袖窿挂线编织16针伏针，左前用与右前相同要领对称编织。

袖 和大身用同样要领编织，但是，袖山是在端边1针内侧编织挂针和下一行的扭针的加针，编织结尾伏针收针编织。

帽子 和大身用相同方法起针，左右继续开始编织。缝合领侧是立起端边2针减针编织。头顶部是左右分开先编织左侧。

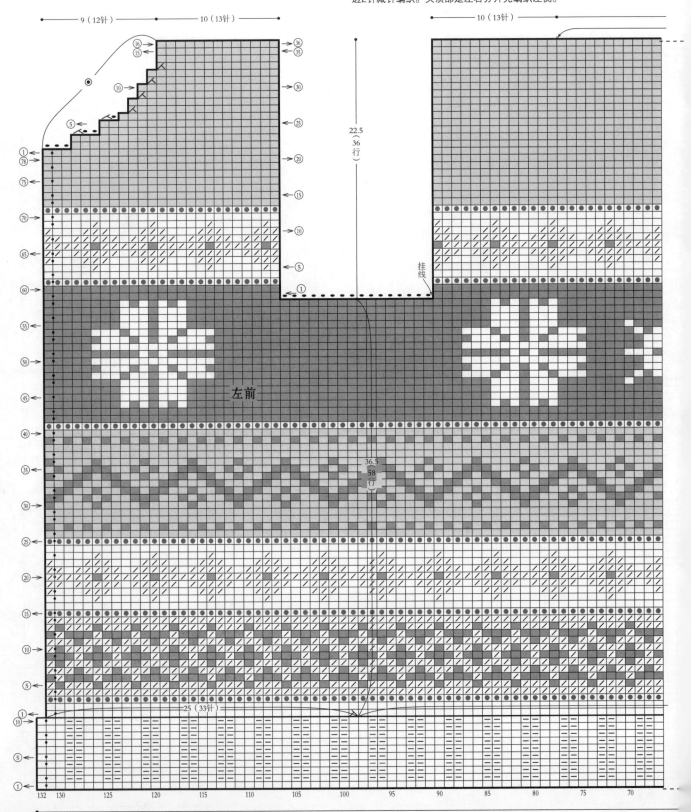

106

编织结尾伏针休针。挂线编织右侧。

拼接 在前端编织1行细编，肩部是里面相对对折，看着前身引拔针接合。帽子的编织结尾是罗纹针接合，头顶部用半针的挑针缝合。然后正面向内侧用引拔针与大身的领窿接合。在前端缝合开口拉链。袖是挑针缝合袖山，用针与行的接合方法缝合。

配色 {
□ =水色
▨ =茶色
╱ =黄色
◉ =深茶色
}

□ =□

□ =本白

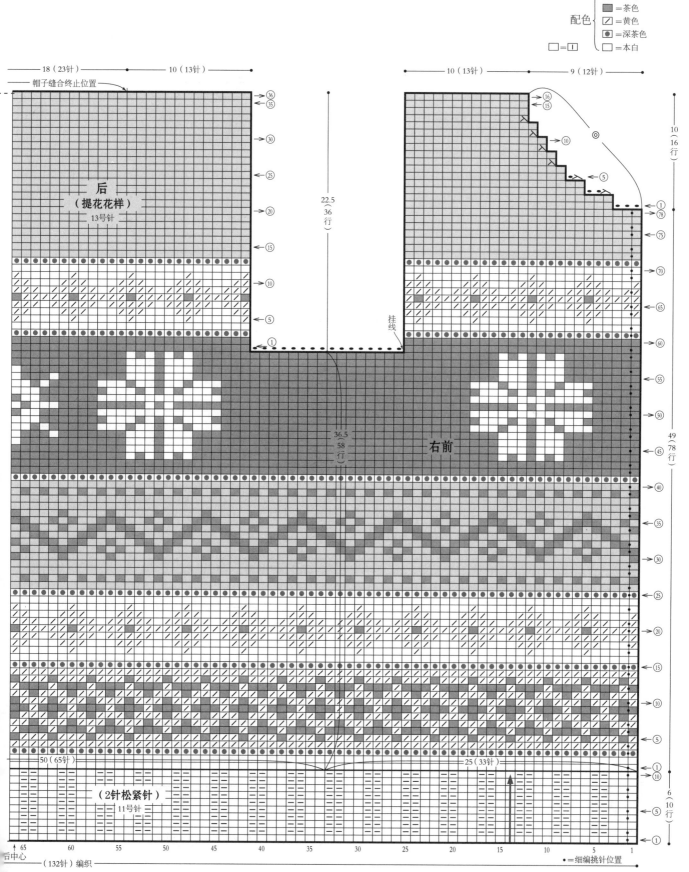

107

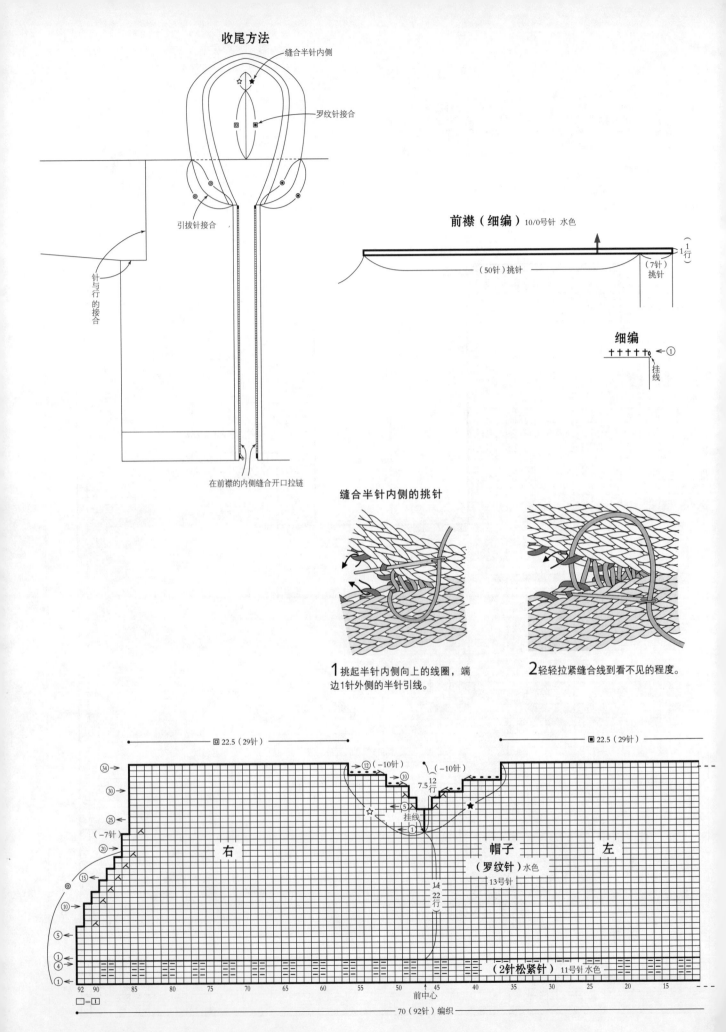

收尾方法

缝合半针内侧

罗纹针接合

引拔针接合

针与行的接合

在前襟的内侧缝合开口拉链

前襟（细编） 10/0号针 水色

（50针）挑针

（7针）挑针

1行

细编

挂线

缝合半针内侧的挑针

1 挑起半针内侧向上的线圈，端边1针外侧的半针引线。

2 轻轻拉紧缝合线到看不见的程度。

22.5（29针）

22.5（29针）

（34）

（30）

（25）

（-7针）

（20）

（15）

（10）

（5）

（1）

（4）

（1）

（12）（-10针）

（10）

（-10针）

7.5
12行

（5）

挂线

（1）

14
22行

右

帽子
（罗纹针）水色
13号针

左

（2针松紧针）11号针 水色

92 90 85 80 75 70 65 60 55 50 45 40 35 30 25 20 15

前中心

□=□

70（92针）编织

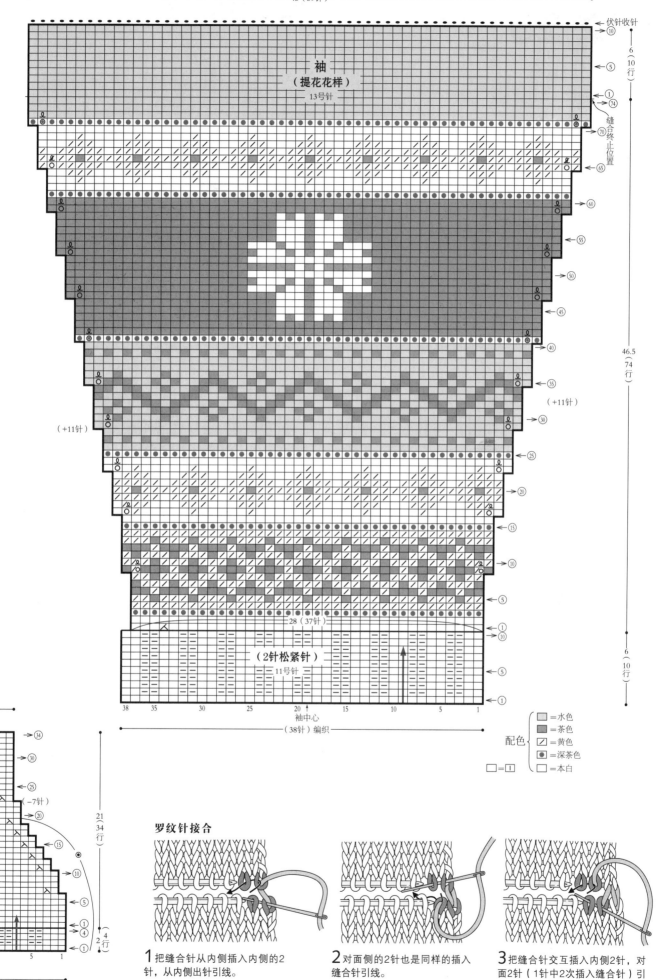

45（59针）

袖
（提花花样）
13号针

伏针收针
（10）
6
（10行）

（1）
（74）

缝合终止位置

（70）
（65）
（60）
（55）
（50）
（45）
（40）
（35）
（30）
（25）
（20）
（15）
（10）
（5）

46.5
（74行）

（+11针）
（+11针）
（+11针）

6
（10行）

（1）
（10）

（5）
（1）

（2针松紧针）
11号针

28（37针）

袖中心
（38针）编织

38 35 30 25 20 15 10 5 1

配色
■=水色
■=茶色
╱=黄色
◉=深茶色
□=□
□=本白

（34）
（30）
（25）
（-7针）
（20）
（15）
（10）
（5）
（1）
（4）
（1）

21（34行）

2（4行）

10 5 1

罗纹针接合

1把缝合针从内侧插入内侧的2针，从内侧出针引线。

2对面侧的2针也是同样的插入缝合针引线。

3把缝合针交互插入内侧2针，对面2针（1针中2次插入缝合针）引线。

109

#22,23 女士-M 作品见 P.22

● **材料**

加拿大风格3S 22 藏青（15）230 g / 3团，浅灰色（2）120 g / 2团，绿色（6）65 g / 1团，粉色（12）40 g / 1团。23 藏青（15）280 g / 3团，浅灰色（2）125 g / 2团，绿色（6）70 g / 1团，粉色（12）45 g / 1团。 22 直径2.7cm的纽扣2个。23 2 cm宽的皮带200cm。

● **工具**

棒针13号，11号。钩针8/0号。

● **成品尺码**

22 衣长46cm 23 腰围73cm，衣长78.5cm

● **密度**

10cm见方提花花样13针，16行。

● **编织方法**

22 用手指挂线起针，从下摆的起伏针开始编织。提花花样是用编织包裹渡线的方法编织。在罗纹针部分一边分散减针，一边平均减针。领是用2针的松紧针编织，编织结尾伏针收针。前端从领开始挑起前襟用起伏针编织，编织结尾伏针收针。用罗纹主线（参照100页）编织纽扣绳圈，缝合到右右前领2针罗纹针开始编织位置。在指定位置缝合纽扣。

23 用与22相同要领编织，但是全体编织领圈。在行的连接处提前做好记号不容易错。腰围是用2针松紧针穿上礼带一边开孔一边编织，编织结尾伏针收针。行的连接处留在右肋。把礼带穿过腰围。

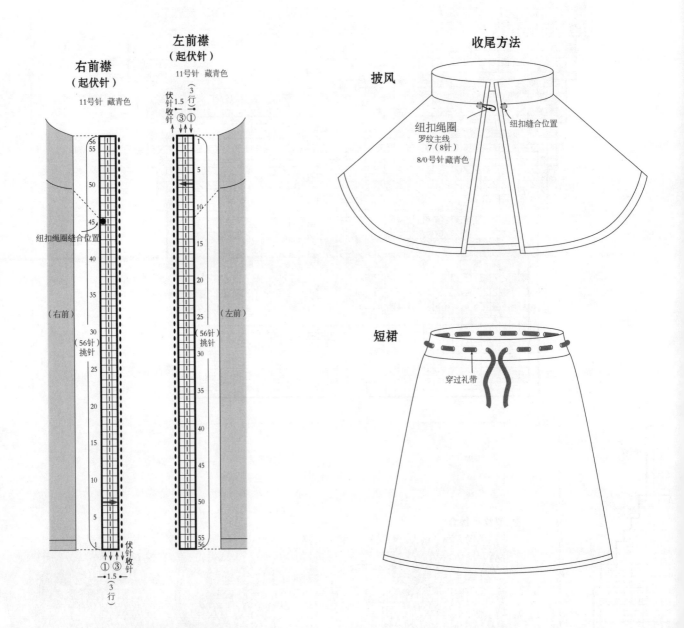

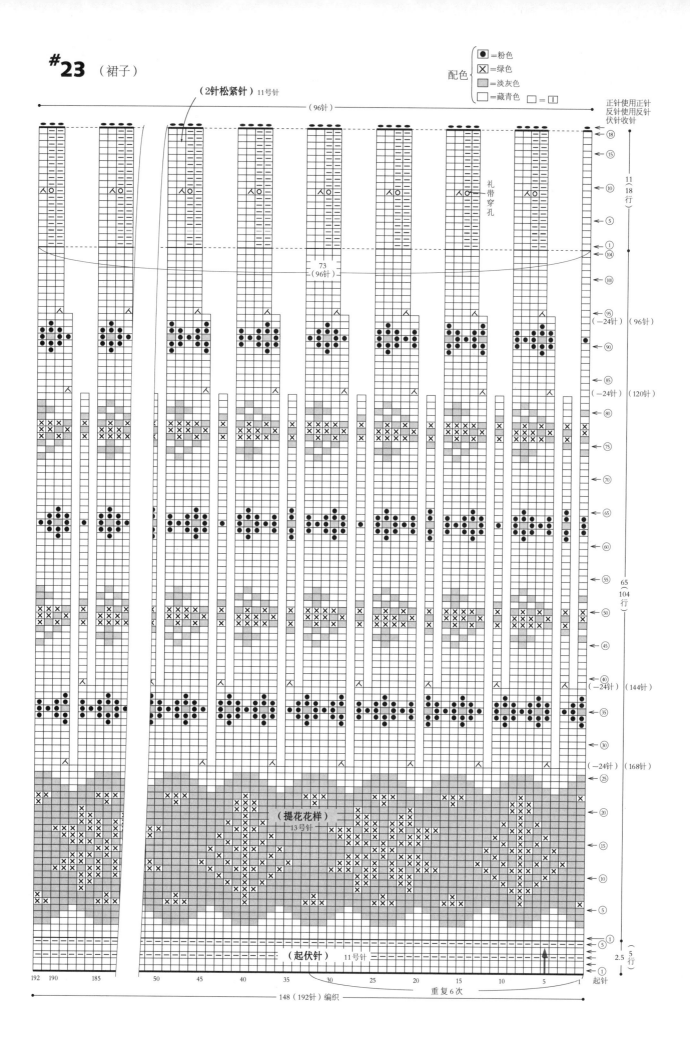

#23 （裙子）

#22 (裙子)
※配色参照111页

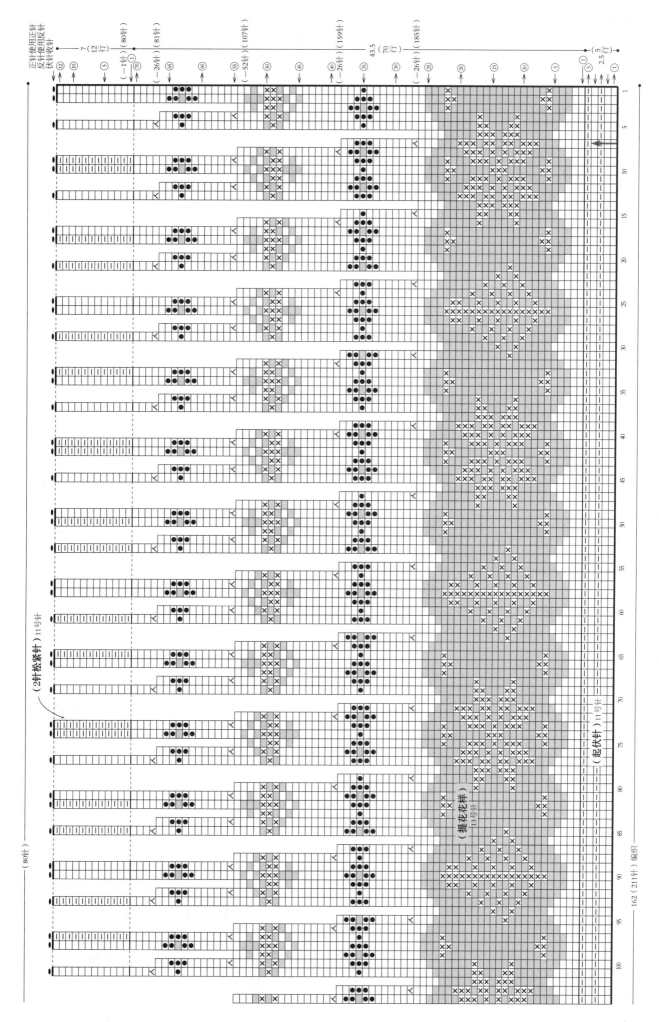

113

#25 女士-M 作品见 P.27

● **材料**

加拿大风格3S 本白色（1）380 g／4团，浅灰色（2）300 g／3团，茶色（3）90 g／1团，水色（9）40 g／1团，黄（10）20 g／1团。直径2.2cm的纽扣6个。

● **工具**

棒针15号，13号，12号，10号。

● **成品尺码**

胸围106.5cm，衣长68cm，总袖长45.5cm。

● **密度**

10cm见方提花花样13针，16行。

● **编织方法**

后面 用手指挂线起针，从下摆1针松紧针开始编织。提花花样是用编织包裹渡线的方法编织。肋部是在1针内侧编织挂针和下一行的扭针的加针，编织行的结尾卷加针。肩下垂，领窿用伏针编织。

前面 和后面用同样要领编织。前端是用1针松紧针继续前襟用纵向渡线的提花花样方法编织，但是右前是一边开纽扣孔一边编织。领窿是用伏针和端边立起1针的减针编织。

拼接 肩部是正面向内侧对合引拔针接合，肋部是，用半针的挑针缝合和挑针接合拼接。领是看着前襟，前后领窿的正面挑针，从第2行开始改为正面侧。编织1针松紧针，在花样编织的第1行编织挂针，在下一行编织扭针，接着编织加针。改变棒针的号数编织，编织结尾伏针收针。袖口也是，挑起，用1针松紧针编织圈。在左前缝合纽扣。

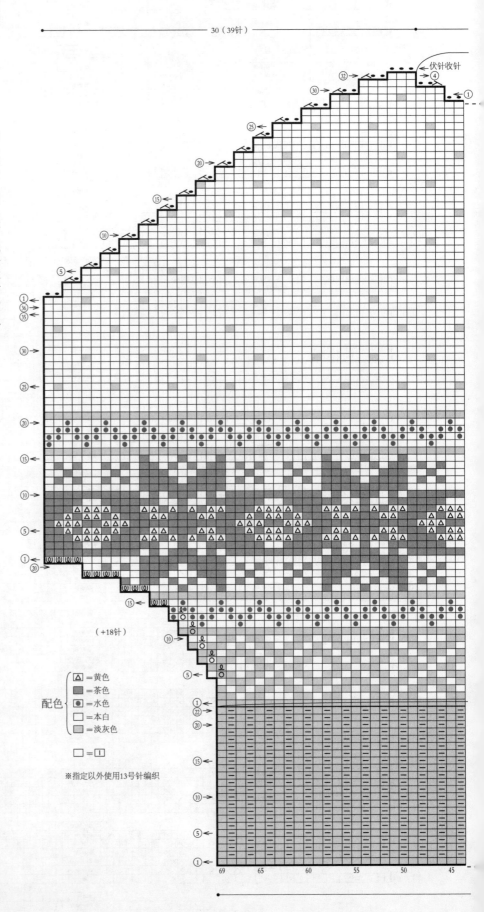

配色
- △ ＝黄色
- ▨ ＝茶色
- ⊙ ＝水色
- □ ＝本白
- ▨ ＝淡灰色

□ ＝□

※指定以外使用13号针编织

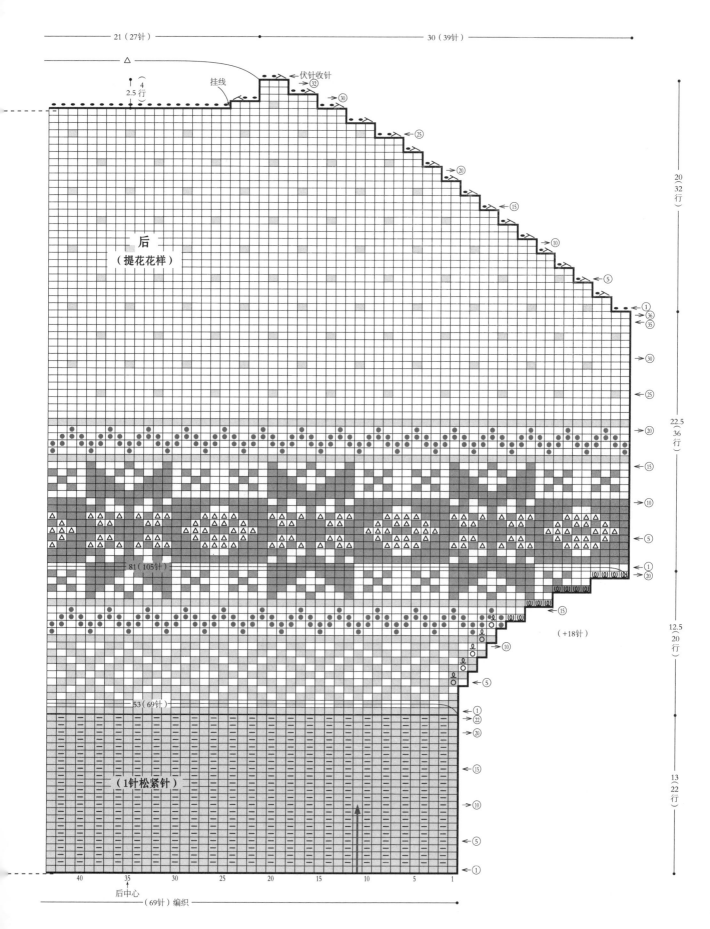

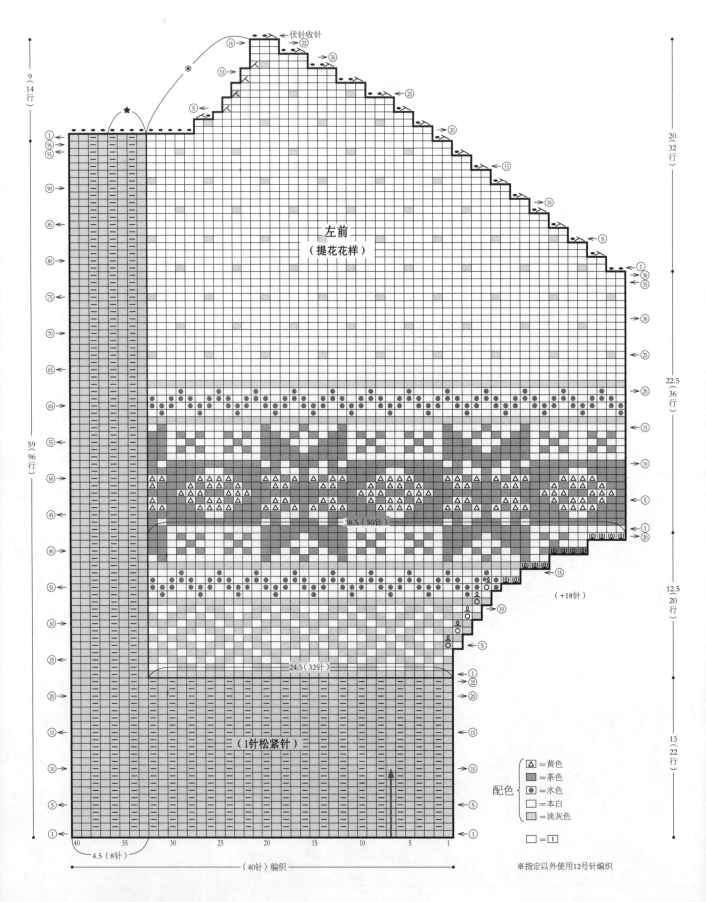

伏针收针

左前
（提花花样）

38.5（50针）

（+18针）

24.5（32针）

（1针松紧针）

配色
- △=黄色
- =茶色
- ⊙=水色
- □=本白
- =淡灰色

□=王

※指定以外使用12号针编织

8.5（11针）
30（39针）

9/14行

20/32行

22.5/36行

12.5/20行

13/22行

59/96行

40　35　30　25　20　15　10　5　1
4.5（8针）
（40针）编织

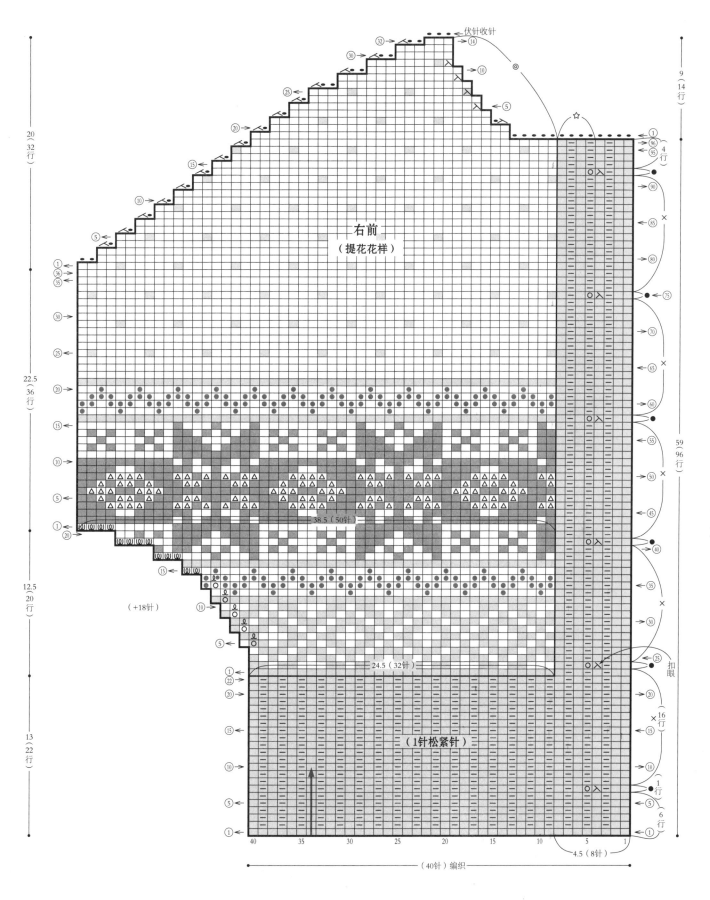

右前
（提花花样）

伏针收针

（1针松紧针）

117

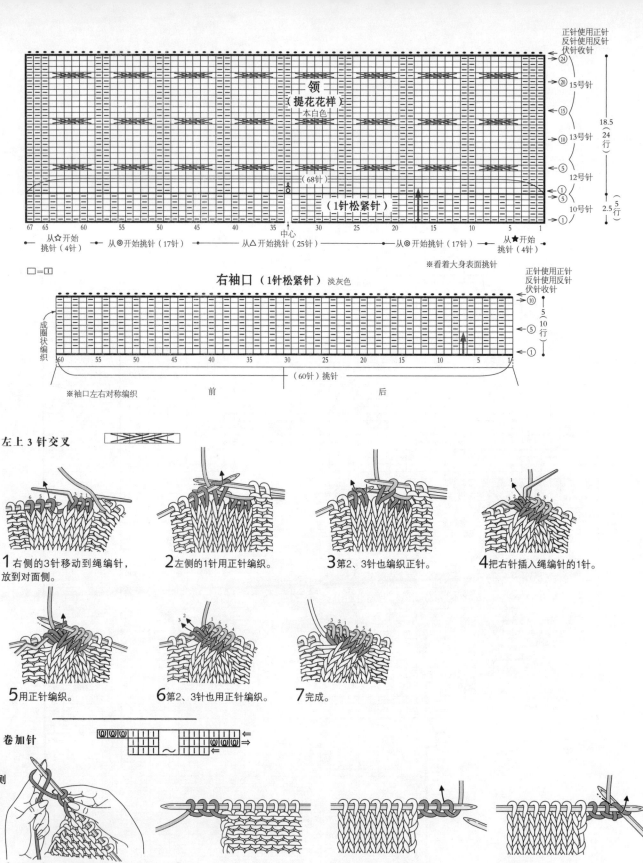

領
（提花花样）
本白色

（68针）

（1针松紧针）

正针使用正针
反针使用反针
伏针收针

15号针

13号针

12号针

10号针

18.5
（24行）

2.5（5行）

67 65　60　55　50　45　40　35　30　25　20　15　10　5　1

中心

※看着大身表面挑针

从☆开始挑针（4针）　从◎开始挑针（17针）　从△开始挑针（25针）　从◎开始挑针（17针）　从★开始挑针（4针）

□＝[1]

右袖口（1针松紧针）淡灰色

正针使用正针
反针使用反针
伏针收针

成圈状编织

10

5

1

5（10行）

60　55　50　45　40　35　30　25　20　15　10　5　1

（60针）挑针

前　　　　后

※袖口左右对称编织

左上3针交叉

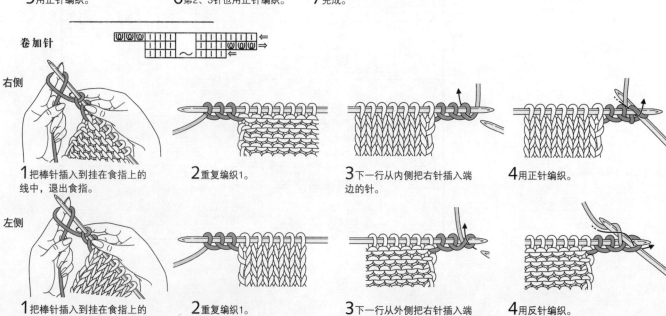

1 右侧的3针移动到绳编针，放到对面侧。

2 左侧的1针用正针编织。

3 第2、3针也编织正针。

4 把右针插入绳编针的1针。

5 用正针编织。

6 第2、3针也用正针编织。

7 完成。

卷加针

右侧

1 把棒针插入到挂在食指上的线中，退出食指。

2 重复编织1。

3 下一行从内侧把右针插入端边的针。

4 用正针编织。

左侧

1 把棒针插入到挂在食指上的线中，退出食指。

2 重复编织1。

3 下一行从外侧把右针插入端边的针。

4 用反针编织。

前襟 （细编）
10/0 号针　藏青色

扣眼

（46针）挑针

▷ = 挂线
► = 切线

●材料
加拿大风格3S　藏青（15）340 g / 4 团，本白色（1）230 g / 3 团。直径3cm的纽扣6个，直径2.5cm的纽扣2个。
●工具
棒针13号。钩针10/0号。
●成品尺码
衣长43cm，袖长55cm。
●密度
10cm见方罗纹针13针，17.5行；起伏针13针，20行。
●编织方法
后面　用手指挂线起针，从下摆的起伏针开始编织。参照图，全体减针20针。编织结尾处休针待用。
前面　与后面用相同要领编织。右前是一边开纽扣眼一边编织。全体减针10针。
袖　与后面用相同方法起针，袖山是用端边立起1针的减针编织。
育克　是从右前，右袖，后面，左袖，左前转圈挑针（袖山的固定针部分跳过），全体继续编织。在第1行减针21针。第5行以后，全体减针113针。编织结尾伏针收针。
拼接　肋，袖山是挑针缝合，袖山的固定针部分是把相同记号处正面向内侧对合，用引拔针接合。在前端编织3行细编，向内侧折，缝合。肩章用卷加针和减针编织2片，缝合到指定位置，固定纽扣。在左前缝合纽扣。

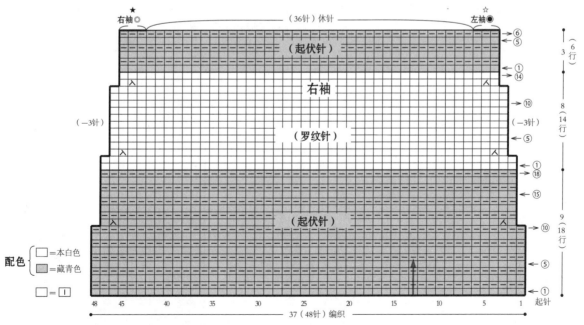

配色 ｛ □=本白色　■=藏青色

□ = □

※右袖☆・★左袖◎・●分别与前后的记号对合后接合

119

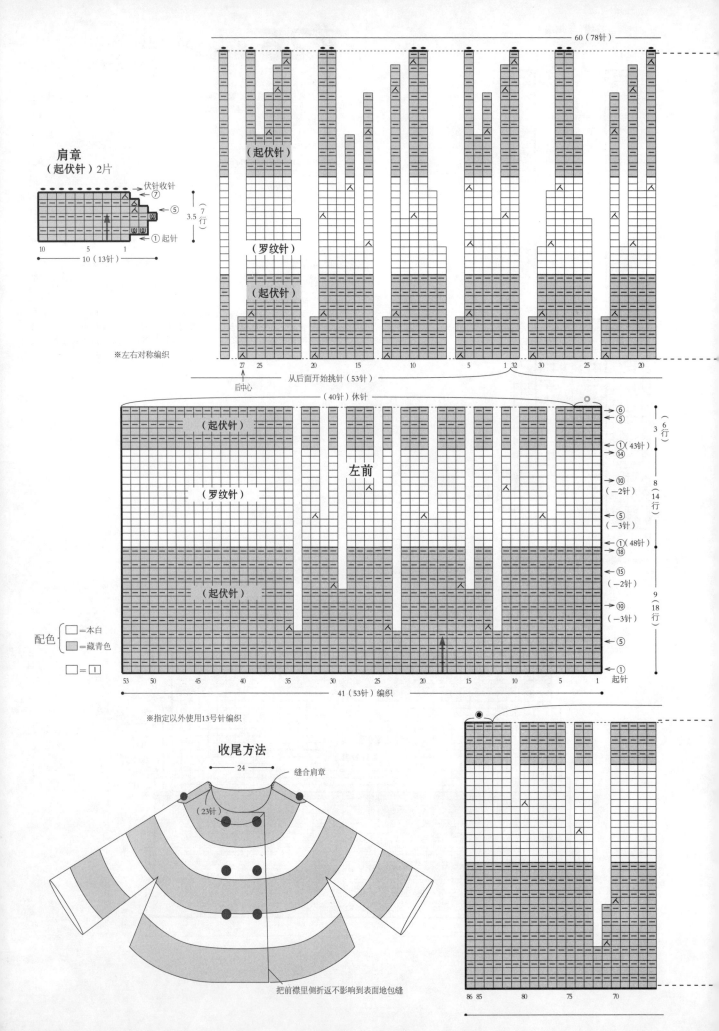

肩章
（起伏针）2片

伏针收针
⑦
⑤
①起针
3.5（7行）

10   5   1
10（13针）

（起伏针）

（罗纹针）

（起伏针）

※左右对称编织

60（78针）

从后面开始挑针（53针）
后中心
27 25   20   15   10   5   1 32 30   25   20

（40针）休针

（起伏针）

（罗纹针）

左前

（起伏针）

配色 ⬜=本白
　　⬛=藏青色

⬜=[1]

53 50   45   40   35   30   25   20   15   10   5   1 起针

41（53针）编织

⑥
⑤
3（6行）
①（43针）
⑭
⑩（−2针）
8（14行）
⑤（−3针）
①（48针）
⑱
⑮（−2针）
⑩（−3针）
9（18行）
⑤
①起针

※指定以外使用13号针编织

收尾方法

24
缝合肩章
（23针）

把前襟里侧折返不影响到表面地包缝

86 85   80   75   70

120

育克

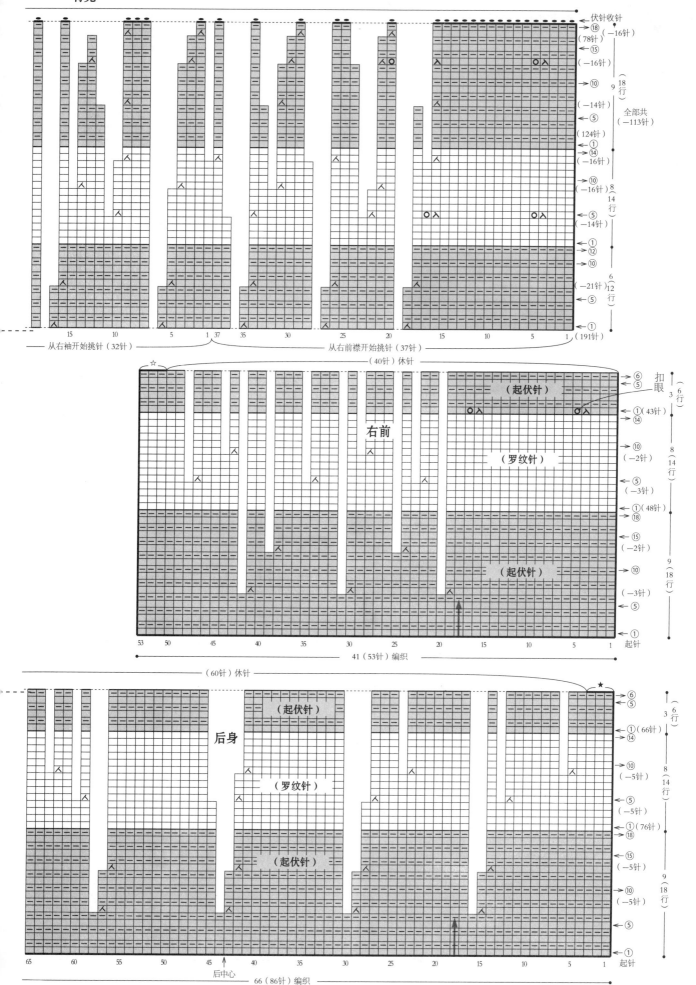

伏针收针
→⑱ （−16针）
（78针）
←⑮
（−16针）
→⑩ 9 ⑱ 行
（−14针） 全部共
（124针） （−113针）
→⑭
（−16针）
→⑩ （−16针） 8 ⑭ 行
（−14针）
→①
→⑫ 6 ⑫ 行
→⑩
（−21针）
←⑤
←① （191针）

—— 从右袖开始挑针（32针）
从右前襟开始挑针（37针）

☆ （40针）休针
←⑥ ⑤ 扣眼 3 ⑥ 行
（起伏针）
○人 →①（43针）
右前 →⑭
→⑩ 8 ⑭ 行
（罗纹针） （−2针）
←⑤
（−3针）
→①（48针）
→⑱
←⑮
（−2针） 9 ⑱ 行
（起伏针） →⑩
（−3针）
←⑤
←① 起针

41（53针）编织

（60针）休针 ★
←⑥ ⑤ 3 ⑥ 行
（起伏针）
→①（66针）
后身 ⑭
→⑩ 8 ⑭ 行
（罗纹针） （−5针）
←⑤
（−5针）
→①（76针）
⑱
←⑮
（起伏针） （−5针） 9 ⑱ 行
→⑩
（−5针）
←⑤
←① 起针

后中心 66（86针）编织

121

#28 女孩 作品见 P.30

●材料
加拿大风格3S　本白色（1）160g/2团，绿色（6）30g/1团，红色（13）20g/1团。直径2.3cm的纽扣4个。

●工具
棒针13号，11号。

●成品尺码
胸围75cm，肩宽26cm，衣长36.5cm。

●密度
10cm见方提花花样13针，16行

●编织方法

大身　前、后继续用手指挂线起针，从下摆1针松紧针开始编织。前端是用起伏针编织前襟4针，在右前襟一边开纽扣孔一边编织。提花花样是用编织包裹渡线的方法编织，但是，前端是用起伏针编织前襟4针，在右前襟一边开扣眼一边编织。提花花样是用编织包裹渡线的方法编织，但是在前襟，袖窿的起伏针的内侧一边一竖向渡配色线一边编织。编织到肋缝时，停止编织后身和左前身，编织右前身。袖窿是在3针的起伏针的内侧减针，领窿是用伏针和立起端边1针的减针编织。肩部的针休针。在右袖窿挂线，编织后面。领窿收针编织，编织结尾休针。在左袖窿挂线，把左前用与右前同样要领对称编织。

拼接　从后领珑开始挑针，用起伏针编织后领。在两端的1针内侧编织挂针和下一针的加针，编织结尾是伏针收针。反面成为正面。前领是看着后领的正面挑针，立起端边1针减针后编织。肩部是里面相对对折，看着前身引拔针接合。领窿和前领的相同记号处用引拔针缝合，前襟和前领的编织结尾用罗纹针接合。左前襟缝合纽扣。

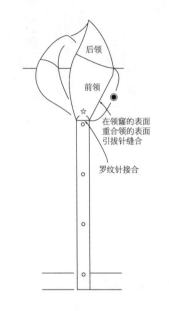

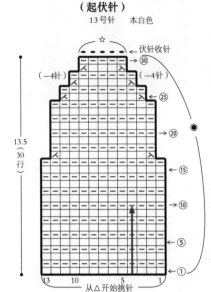

左前领
（起伏针）

13号针　本白色

※从后领表侧开始挑针

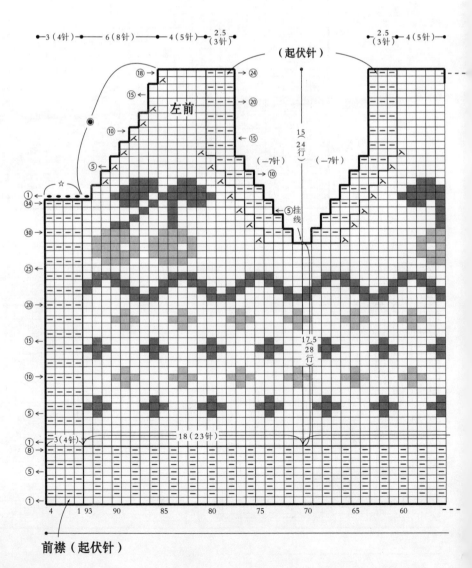

前襟（起伏针）

122

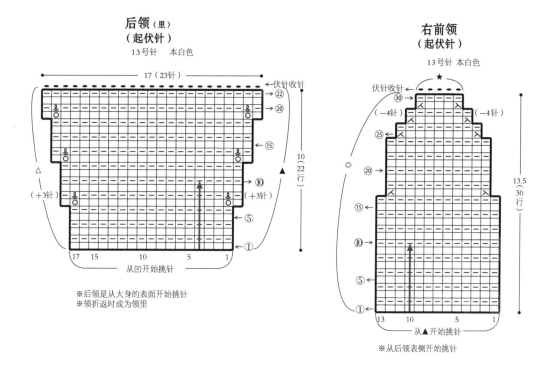

后领(里)
（起伏针）
13号针　本白色

右前领
（起伏针）
13号针　本白色

※后领是从大身的表面开始挑针
※领折返时成为领里

※从后领表侧开始挑针

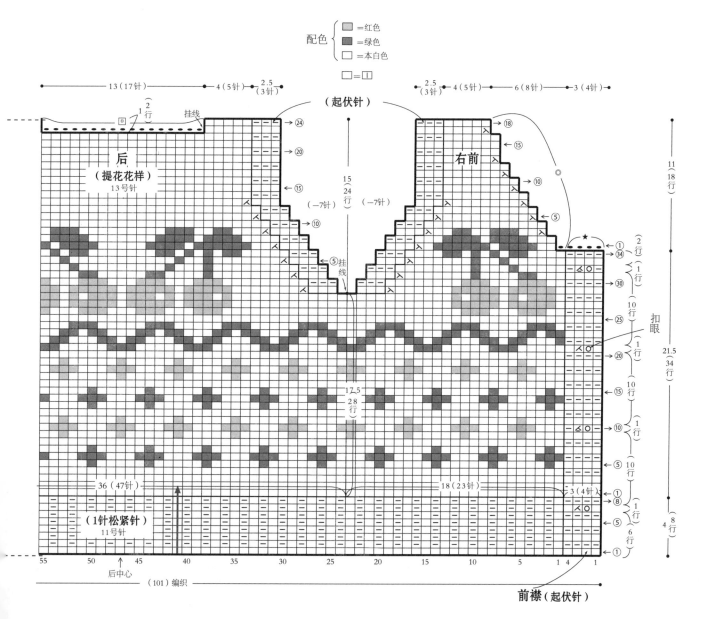

配色 { =红色 =绿色 =本白色 }

（起伏针）

后
（提花花样）
13号针

右前

（1针松紧针）
11号针

后中心　（101）编织

前襟（起伏针）

#29 男孩 作品见 P.31

●材料
加拿大风格3S 水色（9）170g/2团，本白色（1）45g/1团，深茶色（4）25g/1团。27cm的开口拉链1根。

●工具
棒针13号，11号。钩针10/0号。

●成品尺码
胸围78cm，肩宽27cm，衣长39cm。

●密度
10cm见方提花花样13针，16行。

●编织方法
大身 前、后继续用手指挂线起针，从下摆1针松紧针开始编织。提花花样是用编织包裹渡线的方法编织，但是，在袖隆的起伏针的内侧竖向渡配色线编织。编织到肋缝时，后面，左前休针，编织右前身。袖隆是在3针的起伏针的内侧减针编织，袖隆是立起端边1针减针编织。肩部的针休针。在右袖隆挂线编织后面。领隆是收针编织，编织结尾休针。在左袖隆挂线，左前用与右前相同要编织对称编织。

拼接 从后领隆开始挑针，用起伏针编织后领。在两端的1针内侧编织挂针和下一针的扭针加针。编织结尾伏针收针。反面成为正面。前领是看着后领的正面挑针，端边起1针减针后编织。在前端编织细编，肩部是里面相对对折，看着前身引拔针缝合。前领隆和前领的相同记号处引拔针缝合，前襟和前领编织结尾挑针接合。在前端缝合开口拉链。

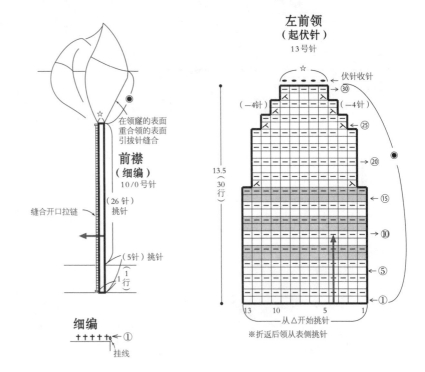

左前领
（起伏针）
13号针

前襟
（细编）
10/0号针

（26针）挑针

缝合开口拉链

（5针）挑针

细编

在领隆的表面
重合领的表面
引拔针缝合

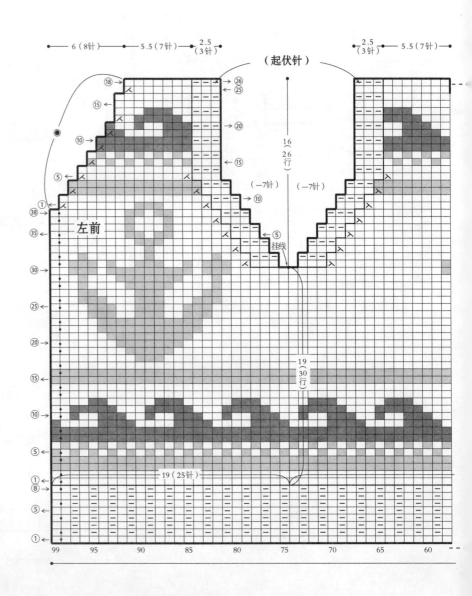

左前

（起伏针）

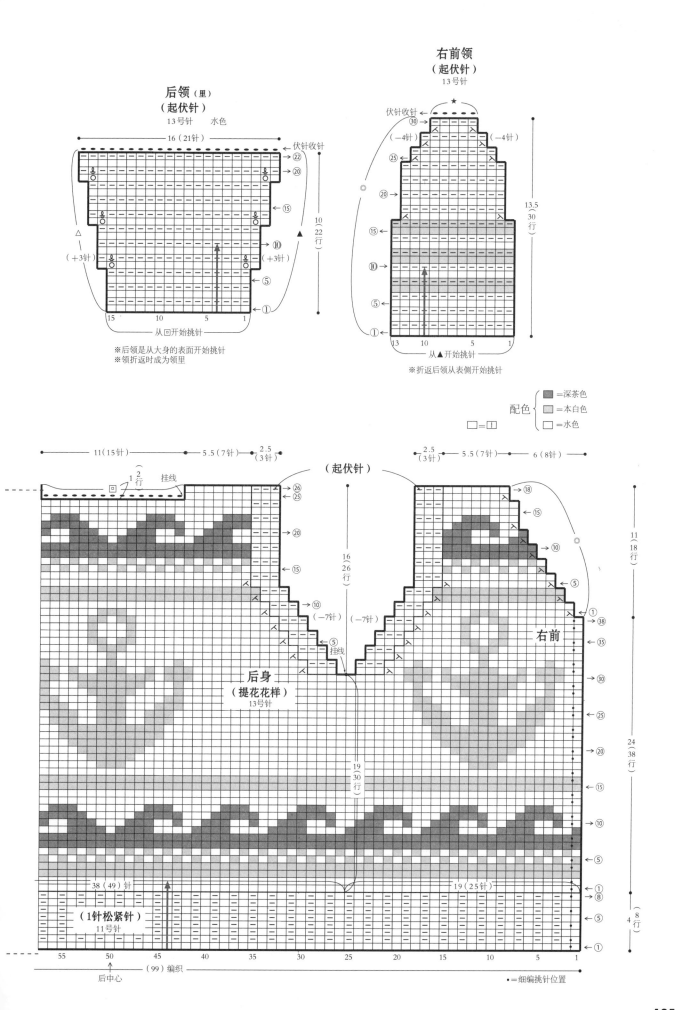

#28 女孩 作品见 P.30

●材料
加拿大风格3S 本白色（1）45 g/1团，绿色（6），红色（13）
各6 g/1团。

●工具
棒针13号，11号。

●成品尺码
脚腕周长21cm，衣长21cm。

●密度
10cm见方提花花样13针，16行。

●编织方法
用手指挂线起针，用1针开始编织圈。提花花样是用编织包裹渡线的方法编织。编织结尾是伏针收针。

护腿 2片

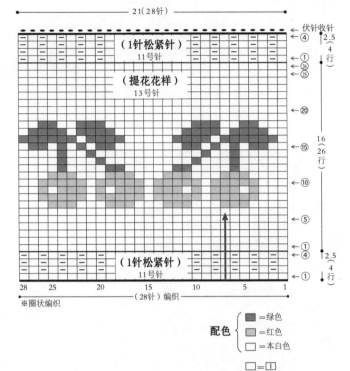

配色 {
■=绿色
■=红色
□=本白色
}

□=□

#29 男孩 作品见 P.31

●材料
加拿大风格3S 水色（9）50
g/1团，本白色（1）15 g/1团，深茶色
（4）8 g/1团。

●工具
棒针13号，11号。

●成品尺码
头围43cm，深20cm。

●密度
10cm见方提花花样13针，16行。

●编织方法
用手指挂线起针，用1针松紧针开始编织圈。提花花样是用编织包裹渡线的方法编织。在顶端7处减针编织，编织结尾是把线穿过剩下针勒紧。制作好帽顶装饰球后，缝合到帽子顶端。

帽子 分散减针

※全体（-49针）
※在最后行的针穿过线后勒紧

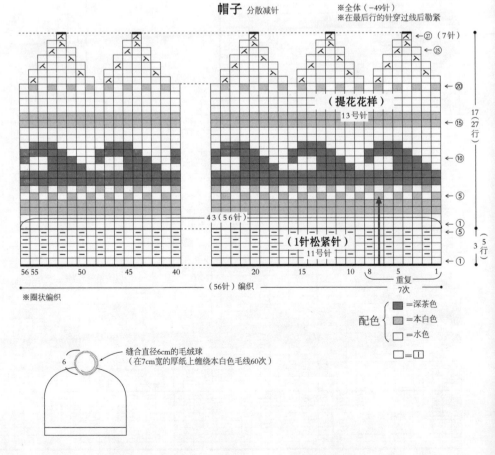

配色 {
■=深茶色
■=本白色
□=水色
}

□=□

缝合直径6cm的毛绒球
（在7cm宽的厚纸上缠绕本白色毛线60次）

#11 女士 作品见 P.14

●材料
加拿大风格3S　黑灰色（5）50g/1团，淡灰色（2）40g/1团，本白色（1），水色（9）各20g/1团。

●工具
棒针13号，11号

●成品尺码
头围55cm，深33cm（没有折返的状态）。

●密度
10cm见方提花花样13针，16行。

●编织方法
用手指挂线起针，用2针松紧针编织圈。编入花样是用编织包裹渡线的方法编织。顶端6处减针编织，编织结尾把线穿过剩下的针。制作好3色的帽顶装饰球后，缝合到帽子顶端。

帽子

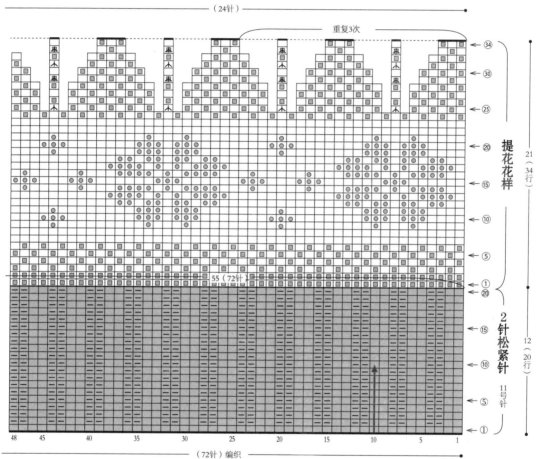

配色
◎=水色
□=本白色
▣=淡灰色
▨=炭灰色

□ = □

※指定以外使用13号针编织

收尾方法

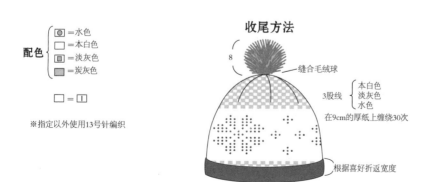

缝合毛绒球

3股线 { 本白色 淡灰色 水色 }
在9cm的厚纸上缠绕30次

根据喜好折返宽度

以"枫叶""鹰"等为经典代表图案是加拿大风格手工编织的特色，本书以加拿大风格的棒针编织为主题，汇集日本编织名师的精心设计作品，为广大编织爱好者带来全新体验。本书作品传统中有创新，复古中有时尚，每件作品都有详细的编织图解，由于只使用粗线进行编织，所以快速就能完成充满异域风情的潮流感手工作品，非常适合编织新手及编织爱好者参考。

图书在版编目（CIP）数据

加拿大风格手编毛衣和小物/［日］宝库社编著；韩慧英，陈新平译.
—北京：化学工业出版社，2015.9
ISBN 978-7-122-23750-7

Ⅰ.①加… Ⅱ.①宝… ②韩… ③陈…
Ⅲ.①手工编织-图集 Ⅳ.①TS935.5-64

中国版本图书馆CIP数据核字（2015）第081975号

CANADIAN　KNIT (NV70154)
Copyright ©NIHON VOGUE-SHA 2012
All rights reserved.
Photographers: ALEI KOMATSUBARA NOBUHIKO HOMMA
All rights reserved.
Original Japanese edition published in Japan by NIHON VOGUE CO., LTD.,
Simplified Chinese translation rights arranged with BEIJING BAOKU INTERNATIONAL
CULTURAL DEVELOPMENT Co., Ltd.

北京市版权局著作权合同登记号：01-2015-0734

责任编辑：高　雅　　　　　　　　　　责任校对：战河红

出版发行：化学工业出版社（北京市东城区青年湖南街13号　邮政编码100011）
印　　装：北京画中画印刷有限公司
880mm×1092mm　1/16　印张8　字数360千字　2015年11月北京第1版第1次印刷

购书咨询：010-64518888（传真：010-64519686）　售后服务：010-64518899
网　　址：http://www.cip.com.cn
凡购买本书，如有缺损质量问题，本社销售中心负责调换。

定　　价：39.80元

配色
- □ =深茶色
- ▨ =茶色
- ● =本白色
- ☒ =绿色
- □ = Ⅰ

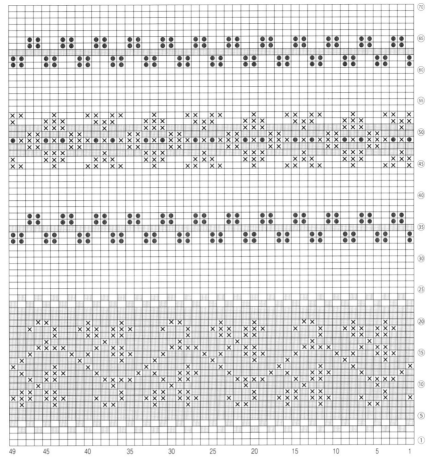

配色
- □ =淡灰色
- □ =本白色
- ☒ =水色
- ● =粉色
- □ = Ⅰ

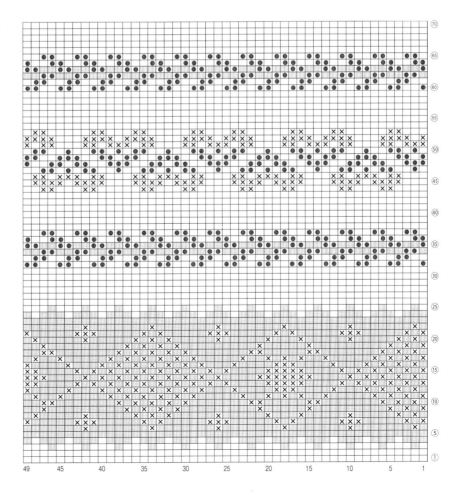

Hamanaka

和麻纳卡（广州）贸易有限公司
HAMANAKA(GUANGZHOU)CO.,LTD.
Website: www.hamanaka.com.cn
Tel.020-8365-2870　Fax.020-8365-2280

 Hamanaka分部（宫崎县）
曾荣获日本优秀绿化通产大臣奖
荣获日本劳动就业推进内阁总理大臣奖

欢迎加入我们的读者交流QQ群

306183891（针线时间－我爱编织）
229882570（针线时间－我爱缝纫）

微信公众号

针线时间

ISBN 978-7-122-23750-7

9 787122 237507 >

定价：39.80元

建筑艺术

大字版·国家彩票公益金资助

北京市绿色印刷工程——优秀青少年读物绿色印刷示范项目

台湾引进　新视野学习百科 **91**
●艺术与文化●

古希腊神殿、华丽的巴洛克宫殿、
伊斯兰教清真寺、中国的园林……
建筑艺术不仅反映我们的审美观点，
也是时代与文化的缩影。

艺术与文化

让知识的光芒照亮我们的人生

每个孩子都有好奇心，他们总是以各种方式观察和思考周围的世界。生命是怎么起源的？世界上有多少种蝴蝶？人类什么时候能登上火星？人类最终能与细菌病毒和平相处吗？千百年来，人们不断破解大自然的谜团。但是，在我们生活的世界又有太多的谜团！

世界多么奇妙啊，宇宙浩渺无垠，隐藏着无数奥秘，它到底是什么样子？未来它又会怎样？也许有人会说，这样的问题还是留给科学家去研究吧，我们要关心的是人类的地球家园。可是，对于地球我们又了解多少呢？比如，恐龙为什么会灭绝？气候变化是什么原因造成的？人类，还有其他的生物还在进化吗？如果还在进化，那么几亿年之后，我们人类，还有大猩猩、长颈鹿、袋鼠、蜂鸟……会变成什么样呢？有人会说，这样的问题都是科学家们争论不休的，我们还是讨论一些现实问题，比如PM2.5，交通拥堵，水资源短缺，手机辐射，转基因食品等等，而要解答这些问题，我们现有的知识是远远不够的。

怎么办呢？那就让我们翻开这套《新视野学习百科》吧。这是一个巨大的、仿佛取之不尽、用之不竭的知识宝库。它既告诉我们科学家在探索中取得的成就，也告诉我们他们曾遇到的挫折和教训，还有他们未来的努力方向。它不仅帮助我们学习科学和文化、提高学习能力，更让我们学会探索和发现通往真理的道路。

这套从台湾引进的学习百科全书，每一册都独具匠心地设计了许多有趣的问题，让孩子们在阅读前进行思考，然后再深入浅出地引导他们探索世界科技和人文的发展。它让孩子们带着兴趣去阅读，带着发现去研究，带着知识去成长，带着理想去翱翔。它不仅能带给孩子学习的热情和创造力，也会给老师和家长意外的惊喜和收获，真可以称得上是我们触手可及的"身边的图书馆"和"无围墙的大学"。

让我们一起翻开《新视野学习百科》吧，它不仅是孩子们的好朋友，也一定是成年人的好朋友……

张海迪